高等职业教育（本科）电子信息课程群系列教材

Photoshop 图形图像项目化教程

主　编　胡斌斌　黎　娅　苏大椿

副主编　田伟娜　严贵川　向国趋　刘　洋

中国水利水电出版社
www.waterpub.com.cn

·北京·

内 容 提 要

本书结合环境艺术设计的相关理论，立足环境艺术设计专业，要求学生掌握图形图像处理软件 Photoshop 应用的基本理论知识，包括图像绘制、平面图绘制、效果图修饰、创意合成等。

本书结合环境艺术设计市场需求和人才培养方案提出相应的学习方向，共分为三篇，第一篇为基础知识：系统讲解图像处理与选区应用的基础知识，第二篇为常用技能：通过对案例的解析系统讲解图像的绘制与编辑、路径与图形、图像的色彩与色调、文字与图层的编辑及应用、通道与滤镜的编辑及应用等，第三篇为项目实训：通过室内设计和环境艺术设计中的典型案例讲解 Photoshop 的应用技巧。

本书素材丰富、内容详实、结构合理、图文结合，可作为高等院校环境艺术专业的教材，也可供相关培训班使用。

图书在版编目（CIP）数据

Photoshop图形图像项目化教程 / 胡斌斌，黎娅，苏大椿主编. -- 北京 : 中国水利水电出版社，2022.8

高等职业教育（本科）电子信息课程群系列教材

ISBN 978-7-5226-0963-8

Ⅰ. ①P… Ⅱ. ①胡… ②黎… ③苏… Ⅲ. ①图像处理软件－高等职业教育－教材 Ⅳ. ①TP391.413

中国版本图书馆CIP数据核字(2022)第157598号

策划编辑：寇文杰　责任编辑：高　辉　加工编辑：张玉玲　封面设计：梁　燕

书　　名	高等职业教育（本科）电子信息课程群系列教材 Photoshop 图形图像项目化教程 Photoshop TUXING TUXIANG XIANGMUHUA JIAOCHENG
作　　者	主　编　胡斌斌　黎　娅　苏大椿 副主编　田伟娜　严贵川　向国趋　刘　洋
出版发行	中国水利水电出版社 （北京市海淀区玉渊潭南路 1 号 D 座　100038） 网址：www.waterpub.com.cn E-mail：mchannel@263.net（万水） sales@mwr.gov.cn 电话：（010）68545888（营销中心）、82562819（万水）
经　　售	北京科水图书销售有限公司 电话：（010）68545874、63202643 全国各地新华书店和相关出版物销售网点
排　　版	北京万水电子信息有限公司
印　　刷	三河市德贤弘印务有限公司
规　　格	184mm×260mm　16 开本　14.25 印张　356 千字
版　　次	2022 年 8 月第 1 版　2022 年 8 月第 1 次印刷
印　　数	0001—2000 册
定　　价	43.00 元

前　　言

Photoshop 是 Adobe 公司旗下的一款图形图像处理软件，功能强大、易学易用，深受广大设计师的喜爱。本书依据教育部最新教学标准和岗位技能要求编写，结构清晰、案例丰富，充分考虑人对知识的接受能力和掌握过程，将理论与行业实践相结合，促使设计工作者快速掌握 Photoshop 的实用方法。

本书结合环境艺术设计的相关理论、市场需求和人才培养方案提出相应的学习方向，要求学生掌握图形图像处理软件 Photoshop 应用的基本理论知识，包括图像绘制、平面图绘制、效果图修饰、创意合成等。

在编写思路上，根据教学对象的理论层次，结合设计行业需求和专业特色的实际情况，对 Photoshop 设计过程中遇到的各项问题进行理论化分析和提炼，形成完整的理论体系。

在内容安排上，从 Photoshop 简介、安装和界面使用的基本方法开始，到选择、图层、文字、路径、颜色调整和滤镜等初级工具应用介绍，再到通道、蒙版等软件核心工具解析，层层递进、由易到难，并辅以丰富的实战案例，紧密结合环境艺术设计专业所涉及的场景，在实战中讲述软件使用逻辑，使读者快速掌握软件的基本操作方法。

本书主要特色如下：

（1）理论体系完整，并注重理论与实践的融合统一。

（2）设计案例与行业前沿动态相结合，符合技术技能型人才培养特点。

（3）对标企业行业规范，体现专业素养，选取企业真实项目，突出实践应用。

鉴于编者水平有限，书中难免存在疏漏和不足之处，恳请读者批评指正。本书中所提到的案例均配有相应原始素材，以方便读者更好地参照章节所述案例进行上机学习。

本书由胡斌斌、黎娅、苏大椿任主编，由田伟娜、严贵川、向国趋、刘洋任副主编，他们均来自重庆机电职业技术大学和重庆电子工程职业学院，确保知识的丰富性和完整性，同时联手行业企业进行校企联合编写，为内容的时效性和应用性提供保障。在此特别感谢重庆华夏人文艺术研究院、重庆千桁装饰设计有限公司等单位对本书编写提供的支持。

编　者

2022 年 5 月

目　　录

第一篇　基础知识

第二篇　常用技能

第三篇　项目实训

第一篇　基础知识

项目 1　图像处理基础与选区应用知识详解

【项目导读】

本项目主要介绍图像处理的基础知识（包括位图和矢量图、分辨率、图像的色彩模式、常用文件格式等）、Photoshop CC 的工作界面、文件的基本操作方法和选取的应用方法等内容，通过对本项目的学习，可以快速掌握 Photoshop CC 的基本理论和知识，有助于更快、更准确地处理图像。

【项目目标】

学习目标：了解位图和矢量图的概念
了解图像的尺寸与分辨率
了解软件工作界面的构成
重　　点：熟悉软件常用的文件格式
熟悉图像的不同色彩模式
掌握文件操作方法和技巧
难　　点：运用选框、索套、魔棒工具选取图像
掌握选区的调整方法和技巧

【知识链接】

知识 1.1　图像文件

1.1.1　位图与矢量图

1. 位图

位图图像也叫点阵图像，它是有许多单独的小方块组成的，每一个小方块称为一个像素点。每一个像素点都有自己明确的位置和颜色值。由于位图采用的是点阵方式，因此每一个像素都能够记录图像和色彩信息，从而可以准确地显示色彩丰富的图像。位图的色彩越丰富，像素点就越多，图像的分辨率就越高，文件也就越大。

位图与分辨率有关，如果在屏幕上用较大的倍数放大显示图像，或以过低的分辨率打印图像，图像就会出现锯齿状的边缘，从而丢失细节，位图的原始效果图如图 1-1-1 所示，使用放大工具放大后如图 1-1-2 所示。

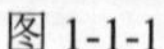

图 1-1-1

图 1-1-2

2. 矢量图

矢量图也叫向量式图形，它是以数学的矢量方式来记录图像内容的，以线条和色块为主。矢量图中的各种图形元素称为对象，每个对象都是独立的个体，都具有大小、颜色、形状、轮廓等属性。矢量图是由各种线条或文字组合而成。Illustrator、CorelDRAW 等绘图软件创作的都是矢量图。

矢量图与分辨率无关，可以被缩放到任意大小，其清晰度不会改变，也不会出现锯齿状的边缘，在任何分辨率下显示或打印都不会损失细节，矢量图的原始效果图如图 1-1-3 所示，使用放大工具放大后如图 1-1-4 所示。

图 1-1-3

图 1-1-4

矢量图占用的存储空间比位图要小，但不能创建过于复杂的图形，也无法像位图那样表现丰富的颜色变化和细腻的色彩过渡。

1.1.2 像素

在 Photoshop CC 中，像素是图像的基本单位。图像是由许多小方块组成的，每一个小方块就是一个像素，每一个像素只显示一种颜色。它们都有自己明确的位置和色彩数值，即这些小方块的颜色和位置就决定该图像所呈现的样子。文件包含的像素越多，文件就越大，图像的品质就越好，效果如图 1-1-5 和图 1-1-6 所示。

图 1-1-5

图 1-1-6

1.1.3 图像尺寸与分辨率

1. 图像尺寸

在制作图像的过程中，可以根据制作需求改变图像的尺寸或分辨率。在改变图像的尺寸之前要考虑图像的像素是否发生变化，如果图像的像素总量不变，提高分辨率将缩小其打印尺寸，提高打印尺寸将降低其分辨率；如果图像的像素总量发生变化，则可以在加大打印尺寸的同时保持图像的分辨率不变，反之亦然。

在 Photoshop CC 中选择“图像”→“图像大小”命令，弹出“图像大小”对话框，如图 1-1-7 所示。取消勾选“重新采样”复选项，此时“宽度”“高度”和“分辨率”选项被关联在一起，如图 1-1-8 所示。在像素总量不变的情况下，将“宽度”和“高度”选项的值增大，则“分辨率”选项的值就相应地减小，如图 1-1-9 所示；勾选“重新采样”复选项，将“宽度”和“高度”选项的值减小，“分辨率”选项的值保持不变，像素总量将变小，如图 1-1-10 所示。

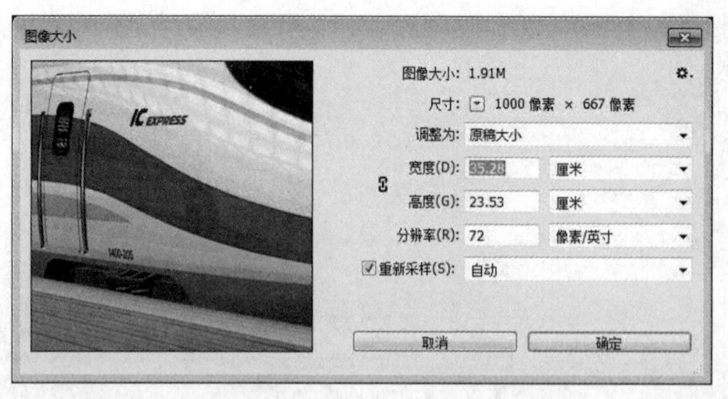

图 1-1-7

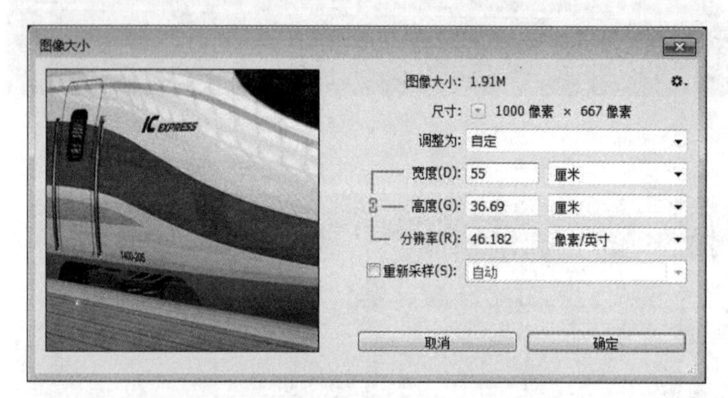

图 1-1-8

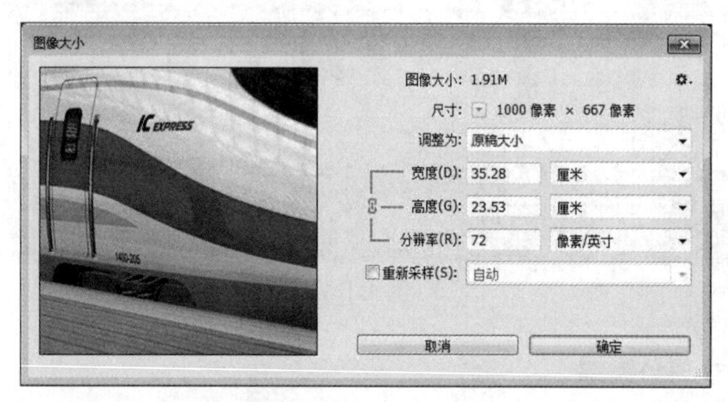

图 1-1-9

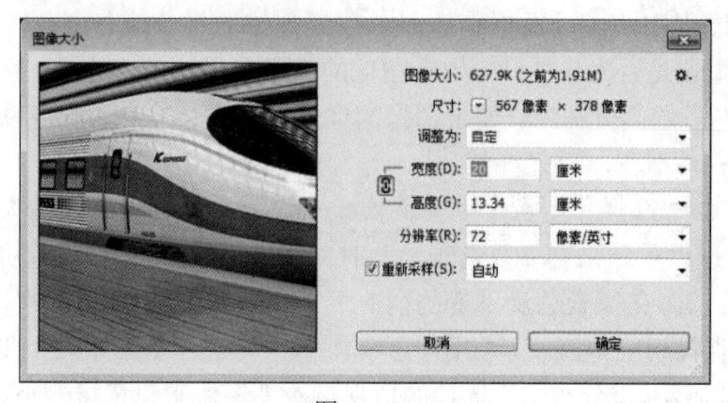

图 1-1-10

将图像的尺寸变小后，再将图像恢复到原来的尺寸，将不会得到原始图像的细节，因为 Photoshop CC 无法恢复已损失的图像细节。

2. 分辨率

分辨率是用于描述图像文件信息的术语。在 Photoshop CC 中，图像上每单位长度所能显示的像素数目称为图像的分辨率，其单位为“像素/英寸”或“像素/厘米”。

高分辨率的图像比相同尺寸的低分辨率图像包含的像素多。图像中的像素点越小越密，越能表现出图像色调的细节变化，如图 1-1-11 和图 1-1-12 所示。

高分辨

局部

图 1-1-11

低分辨

局部

图 1-1-12

1.1.4　常用文件格式

在用 Photoshop CC 制作或处理好一幅图像后，就要进行存储。这时，选择一种合适的文件格式就显得十分重要。Photoshop CC 中有 20 多种文件格式可供选择。在这些文件格式中，既有 Photoshop CC 的专用格式，也有用于应用程序交换的文件格式，还有一些比较特殊的格式。

1. PSD 格式

PSD 格式是 Photoshop CC 的默认格式，也是唯一支持所有图像模式的文件格式。它可以保存图像中的图层、通道、辅助线和路径等信息。

2. JPEG 格式

JPEG（Joint Photographic Experts Group，联合图片专家组）格式是一种有损压缩的网页格式，不支持 Alpha 通道，也不支持透明。其最大特点是文件比较小，可以进行高倍率的压缩，因而在注重文件大小的领域应用广泛。例如，网页制作过程中的图像（如横幅广告、商品图片、较大的插图等）都可以保存为 JPEG 格式。

3. PNG 格式

PNG 格式是一种无损压缩的网页格式。它结合 GIF 和 JPEG 格式的优点，不仅无损压缩、体积更小，而且支持透明和 Alpha 通道。由于 PNG 格式不完全适用于所有浏览器，所以其在网页中比 GIF 和 JPEG 格式使用得要少。但随着网络的发展和因特网传输速度的改善，PNG 格式将是未来网页中使用的一种标准图像格式。

4. TIFF 格式

TIFF 格式用于在不同的应用程序和不同的计算机平台之间交换文件。它是一种通用的位图文件格式，几乎所有的绘画、图像编辑和页面版式应用程序均支持该文件格式。

TIFF 格式能够保存通道、图层和路径信息，由此看来它与 PSD 格式并没有太大区别。但实际上，如果在其他程序中打开以 TIFF 格式所保存的图像，其所有图层将被合并，只有用 Photoshop CC 打开保存了图层的 TIFF 文件，才可以对其中的图层进行编辑修改。

5. BMP 格式

BMP 格式是 DOS 和 Windows 平台上常用的一种图像格式。它支持 124 位颜色深度，可用的颜色模式有 RGB、索引颜色、灰度和位图等，但不能保存 Alpha 通道。BMP 格式的特点是包含的图像信息比较丰富，几乎不对图像进行压缩，但占用的磁盘空间较大。

6. GIF 格式

GIF 格式是一种通用的图像格式，是一种有损压缩格式，而且支持透明和动画。另外，以 GIF 格式保存的文件不会占用太多的磁盘空间，非常适合于网络传输，是网页中常用的图像格式。

7. AI 格式

AI 格式是 Adobe Illustrator 软件所特有的矢量图形存储格式。在 Photoshop CC 中可以将图像保存为 AI 格式，并且能够在 Illustrator 和 CorelDRAW 等矢量图形软件中直接打开并进行修改和编辑。

1.1.5 图像的色彩模式

Photoshop CC 提供了多种色彩模式，如 CMYK 模式、RGB 模式、Lab 模式、HSB 模式、索引模式、位图模式、双色通道模式、多通道模式等，这些模式都可以在“模式”菜单中选取，每种色彩模式都有不同的色域，并且各个模式之间可以转换。

1. CMYK 模式

CMYK 代表了印刷上用的四种油墨色：C 代表青色，M 代表洋红色，Y 代表黄色，K 代表黑色。CMYK 颜色控制面板如图 1-1-13 所示。

CMYK 模式在印刷时应用了色彩学中的减法混合原理，即减色色彩模式。它是图片、插图和其他 Photoshop CC 作品中最常用的一种印刷用色彩模式，因为在印刷中通常都要进行四色分色，出四色胶片，然后再进行印刷。

2. RGB 模式

RGB 颜色被称为真彩色，是 Photoshop CC 中默认使用的颜色，也是最常用的一种色彩模式。RGB 模式的图像由 3 个颜色通道组成，分别为红色通道（Red）、绿色通道（Green）和蓝色通道（Blue）。RGB 颜色控制面板如图 1-1-14 所示。每个通道均使用 8 位颜色信息，每种颜色的取值范围是 0～255。这 3 个通道组合可以产生 1670 万余种不同的颜色。

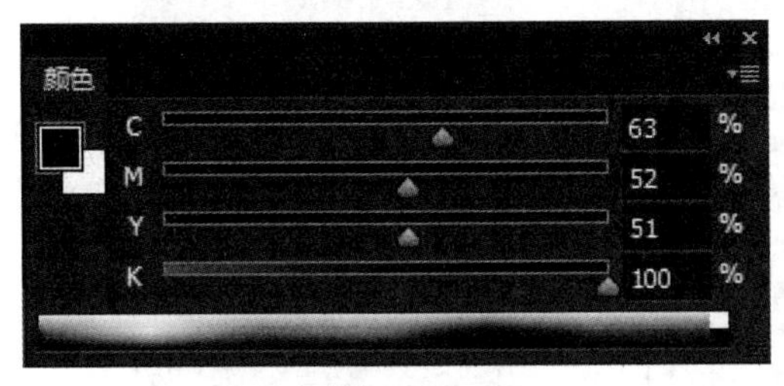

图 1-1-13

图 1-1-14

另外，在 RGB 模式中用户可以使用 Photoshop CC 中所有的命令和滤镜，而且 RGB 模式的图像文件比 CMYK 模式的图像文件要小得多，可以节省存储空间。不管是扫描输入的图像还是绘制的图像，一般都采用 RGB 模式存储。

3. 灰度模式

灰度模式可以表现出丰富的色调，但是也只能表现黑白图像。灰度模式图像中的像素是由 8 位的分辨率来记录的，能够表现出 256 种色调，从而使黑白图像表现得更完美。灰度颜色控制面板如图 1-1-15 所示。灰度模式的图像只有明暗值，没有色相与饱和度这两种颜色信息。其中，0%为黑色，100%为白色，K 值是用来度量黑色油墨用量的。使用黑白和灰度扫描仪产生的图像常以灰度模式显示。

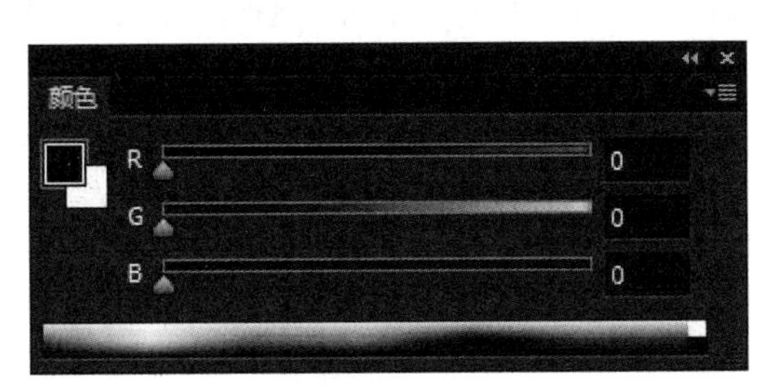

图 1-1-15

4. 位图模式

位图模式的图像又称黑白图像，它用黑、白两种颜色值来表示图像中的像素。其中的每个像素都是用 1bit 的位分辨率来记录色彩信息的，占用的存储空间较小，因此它要求的磁盘空间最少。位图模式只能制作出黑、白颜色对比强烈的图像。如果需要将一幅彩色图像转换成黑白颜色的图像，必须先将其转换成灰度模式的图像，再转换成黑白模式的图像，即位图模式的图像。

知识 1.2 工作界面

启动 Photoshop CC 后，选择“文件”→“打开”命令打开一张图片，即可进入软件操作界面，如图 1-1-16 所示。

图 1-1-16

Photoshop CC 工作界面主要由菜单栏、属性栏、工具箱、控制面板和状态栏组成。

菜单栏：其中包含 11 个菜单命令。利用菜单命令可以完成对图像的编辑、调整色彩、添加滤镜效果等操作。

工具箱：包含多个工具。利用不同的工具可以完成对图像的绘制、观察、测量等操作。

属性栏：是工具箱中各个工具的功能扩展。通过在属性栏中设置不同的选项，可以快速完成多样化的操作。

控制面板：是 Photoshop CC 的重要组成部分。通过不同的功能面板，可以完成在图像中填充颜色、设置图层、添加样式等操作。

状态栏：可以提供当前文件的显示比例、文档大小、当前工具、暂存盘大小等提示信息。

知识 1.3 文件操作

运用 Photoshop CC 中文件的新建、存储、打开和关闭等基本操作方法可以对文件进行基本的处理。

1.3.1 新建和存储文件

新建图像是使用 Photoshop CC 进行设计的第一步。如果要在一个空白的图像上绘图，就要在 Photoshop CC 中新建一个图像文件。

1. 新建文件

选择“文件”→“新建”命令或按 Ctrl+N 组合键，弹出“新建”对话框，如图 1-1-17 所示。在其中可以设置新建图像的名称、宽度、高度、分辨率、颜色模式等选项，设置完成后单击“确定”按钮即可完成新建图像，如图 1-1-18 所示。

2. 存储文件

选择“文件”→“存储”命令或按 Ctrl+S 组合键可以存储文件。当设计好作品第一次存储时，选择“文件”→“存储为”命令将弹出“另存为”对话框，如图 1-1-19 所示。在其中输入文件名、选择文件格式后单击“保存”按钮即可将图像保存下来。

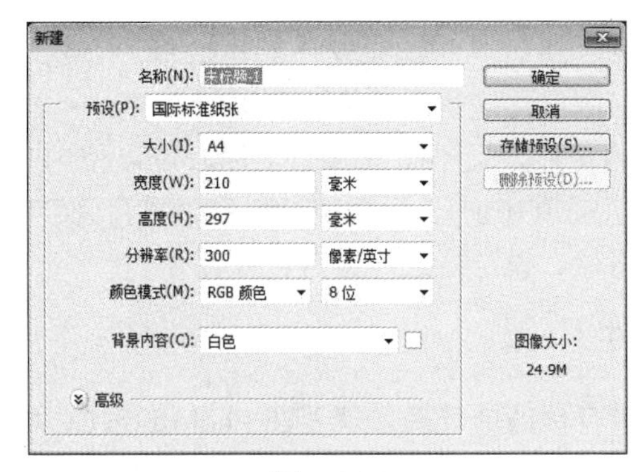

图 1-1-17

图 1-1-18

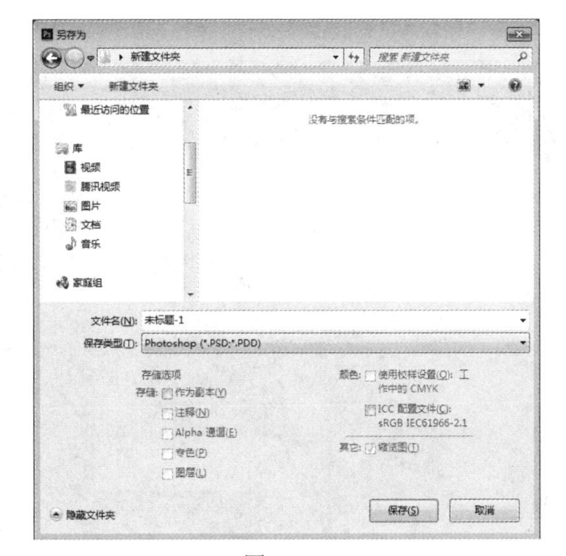

图 1-1-19

当对已存储过的图像文件进行各种编辑操作后再选择“存储”命令，将不再弹出“另存为”对话框，计算机直接保留最终确认结果并覆盖原始文件。

如果既要保留修改过的文件，又不想放弃原文件，可以使用“存储为”命令。选择“文件”→“存储为”命令或按 Shift+Ctrl+S 组合键，弹出“另存为”对话框，在其中可以为更改过的文件重新命名、选择路径、设定格式，最后进行保存。

1.3.2 打开和关闭文件

要对照片或图像文件进行修改或处理，就要在 Photoshop CC 中打开所需要的文件。

1. 打开图像

选择“文件”→“打开”命令或按 Ctrl+O 组合键，弹出“打开”对话框，在其中搜索路径和文件，确认文件类型和名称，通过 Photoshop CC 提供的预览图选择文件，如图 1-1-20 所示，然后单击“打开”按钮或直接双击文件，即可打开指定图像文件，如图 1-1-21 所示。

图 1-1-20

图 1-1-21

2. 关闭图像文件

将图像文件进行存储后则可以将其关闭。选择“文件”→“关闭”命令或按 Ctrl+W 组合键即可关闭文件。关闭图像文件时，若当前文件被修改过，则会弹出提示框，如图 1-1-22 所示，单击“是”按钮即可存储并关闭图像文件。

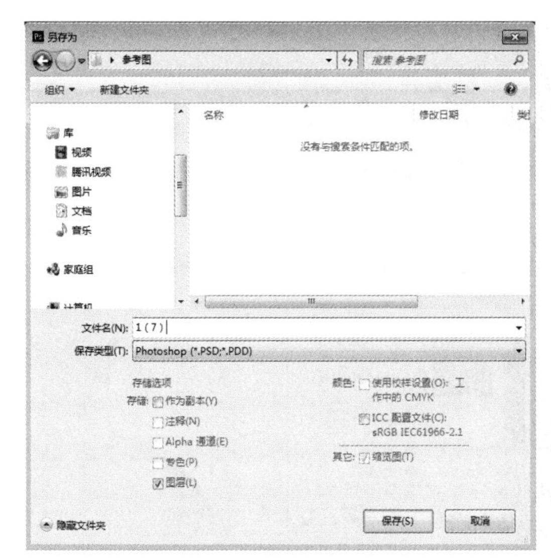

图 1-1-22

知识 1.4　基础辅助功能

Photoshop CC 界面上包括颜色设置和一些辅助性的工具。通过使用颜色设置命令，可以快速地运用需要的颜色绘制图像；通过使用辅助工具，可以快速地对图像进行查看。

1.4.1　颜色设置

在 Photoshop CC 中，可以使用工具箱、“拾色器”对话框、“颜色”控制面板、“色板”控制面板对图像进行颜色设置。

1. 设置前景色和背景色

工具箱中的控制图标可以用来设定前景色和背景色。单击前景色或背景色控制图标，弹出如图 1-1-23 所示的色彩“拾色器”对话框，可以在此选取颜色。单击“切换前景色和背景色”图标或按 X 键可以互换前景色和背景色；单击“默认前景色和背景色”图标或按 D 键可以使前景色和背景色恢复到初始状态，即前景色为黑色、背景色为白色。

2. “拾色器”对话框

可以在“拾色器”对话框中设置颜色。

用鼠标在颜色色带上单击或拖曳两侧的三角形滑块（如图 1-24 所示）可以使颜色的色相产生变化。

在“拾色器”对话框左侧的颜色选择区中可以选择颜色的明度、饱和度，垂直方向是明度的变化，水平方向是饱和度的变化。

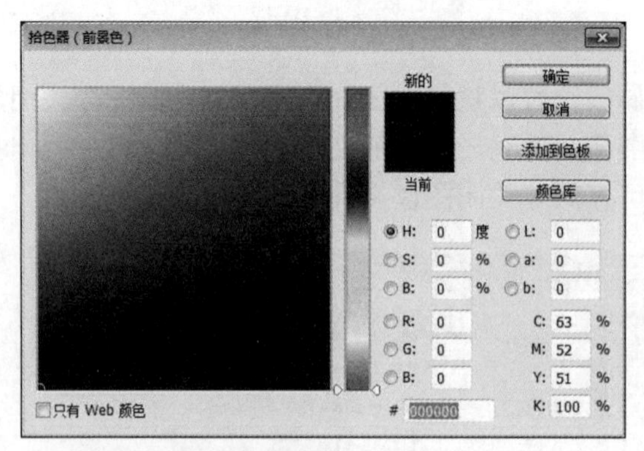

图 1-1-23

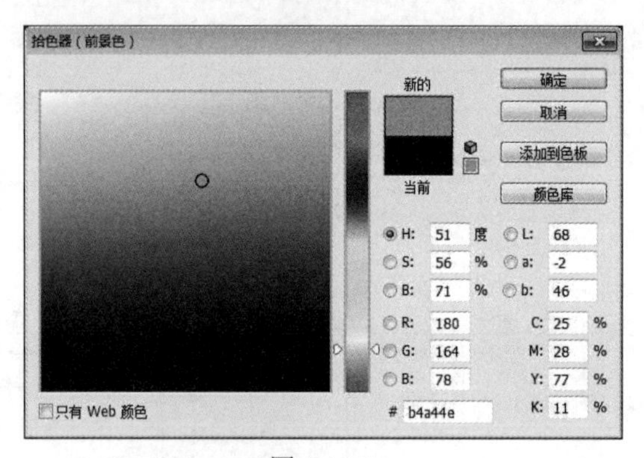

图 1-1-24

3. “颜色”控制面板

“颜色”控制面板可以用来改变前景色和背景色。

选择“窗口”→“颜色”命令打开“颜色”控制面板，如图 1-1-25 所示。在其中，可以先单击左侧的设置前景色或背景色图标来确定所调整的是前景色还是背景色，然后拖曳三角形滑块或在色带中选择所需的颜色或直接在颜色的数值框中输入数值来调整颜色。

单击控制面板右上方的图标会弹出下拉菜单，如图 1-1-26 所示。此菜单用于设定控制面板中显示的颜色模式，可以在不同的颜色模式中调整颜色。

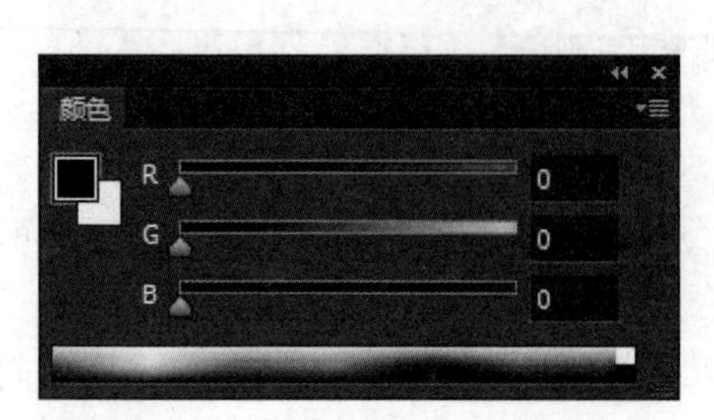

图 1-1-25

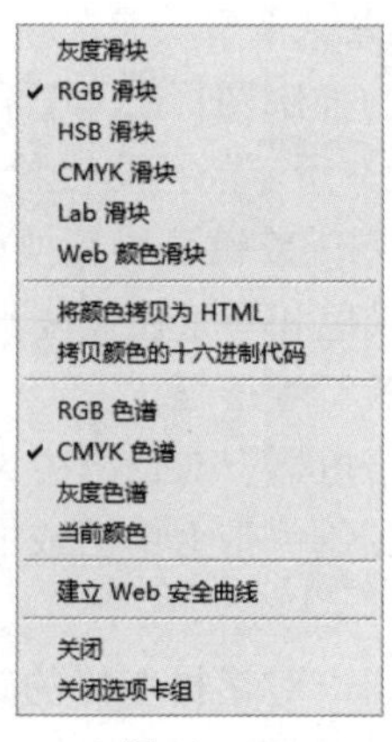

图 1-1-26

4. “色板”控制面板

可以通过“色板”控制面板选取一种颜色来改变前景色或背景色。选择“窗口”→“色板”命令打开“色板”控制面板，如图 1-1-27 所示。单击控制面板右上方的图标，弹出下拉菜单，如图 1-1-28 所示。

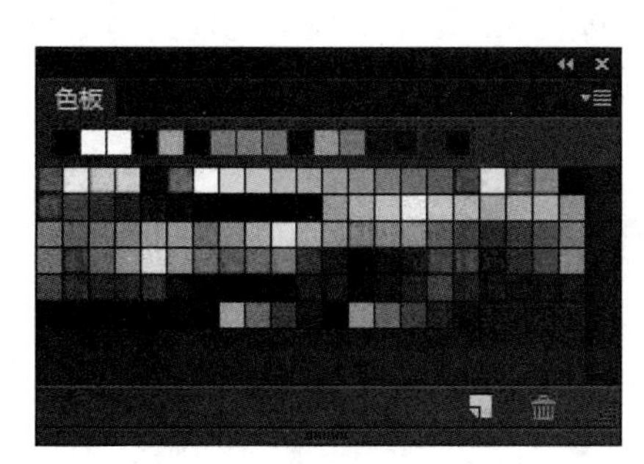

图 1-1-27

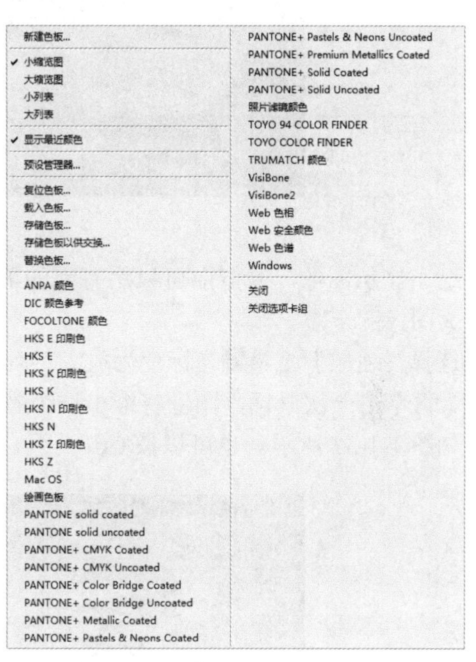

图 1-1-28

1.4.2 图像显示效果

使用 Photoshop CC 编辑和处理图像时，可以通过改变图像的显示比例来使工作变得更加便捷高效。

1. 更改屏幕显示模式

屏幕显示模式的更改可以通过单击工具箱底部的“更改屏幕模式”按钮弹出的菜单栏（如图 1-1-29 所示）或者反复按 F 键来实现。

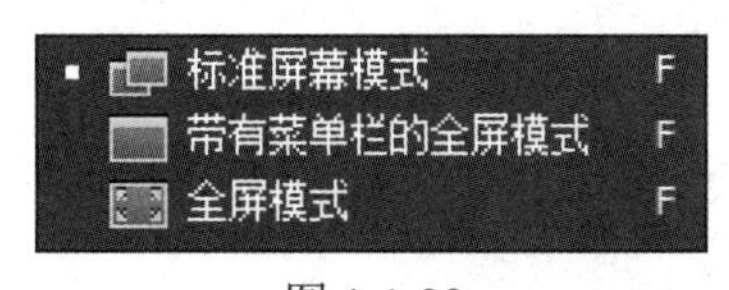

图 1-1-29

2. 缩放工具

选择“缩放”工具，鼠标光标变为放大工具图标，每单击一次鼠标图像就会放大一倍。当图像以 100%的比例显示时，用鼠标在图像窗口中单击一次，图像则以 200%的比例显示，效果如图 1-1-30 所示。

按住 Ctrl+ +组合键可逐次放大图像，如从 100%的显示比例放大到 200%，再到 300%、400%。

图 1-1-30

缩小显示图像，一方面可以用有限的屏幕空间显示出更多的图像，另一方面可以看到一个较大图像的全貌。

选择“缩放”工具光标变为放大工具图标，按住 Alt 键不放鼠标光标变为缩小工具图标。每单击一次鼠标，图像将缩小一级显示。图像的原始效果图如图 1-1-31 所示，缩小显示后如图 1-1-32 所示。也可以按 Ctrl+ -组合键来逐次缩小图像。

图 1-1-31

图 1-1-32

在缩放工具属性栏中单击缩小工具按钮，如图 1-33 所示，则鼠标光标变为缩小工具图标，每单击一次鼠标，图像将缩小一级显示。

图 1-1-33

3. “抓手”工具

选择“抓手”工具，在图像中鼠标光标变为抓手，用鼠标拖曳图像可以观察图像的每个部分，效果如图 1-1-34 所示。直接用鼠标拖曳图像周围的垂直滚动条和水平滚动条也可观察图像的每个部分，效果如图 1-1-35 所示。如果正在使用其他的工具进行工作，按住空格键可以快速切换到“抓手”工具。

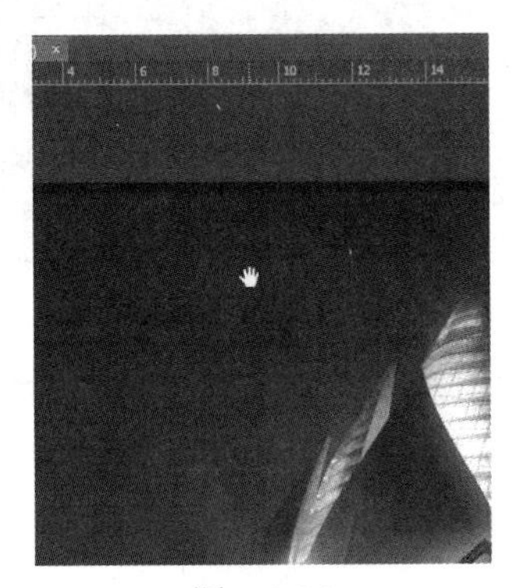

图 1-1-34

图 1-1-35

1.4.3 标尺与参考线

标尺、参考线和网格线的设置可以使图像处理变得更加精确。有许多实际设计任务中的问题也需要使用标尺和网格线来解决。

1. 标尺的设置

设置标尺可以精确地编辑和处理图像。选择“编辑”→“首选项”命令，在弹出的对话框中选择“单位与标尺”选项，如图 1-1-36 所示。“单位”选项组用于设置标尺和文字的显示单位，有不同的显示单位可供选择；“列尺寸”选项组可以用来精确确定图像的尺寸；“点/派卡大小”选项组则与输出有关。

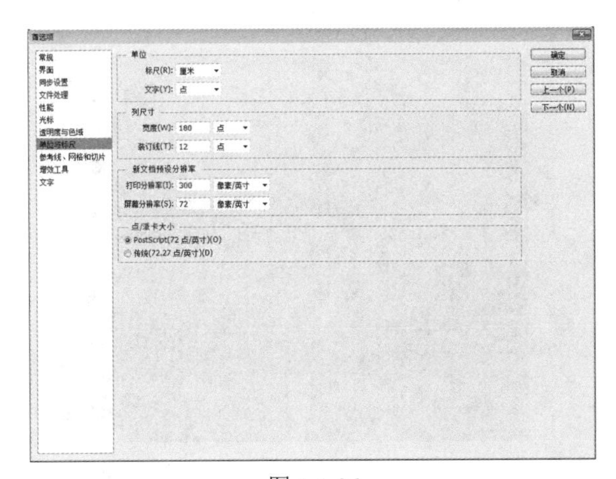

图 1-1-36

选择“视图”→“标尺”命令或反复按 Ctrl+R 组合键可显示或隐藏标尺，如图 1-1-37 和图 1-1-38 所示。

图 1-1-37

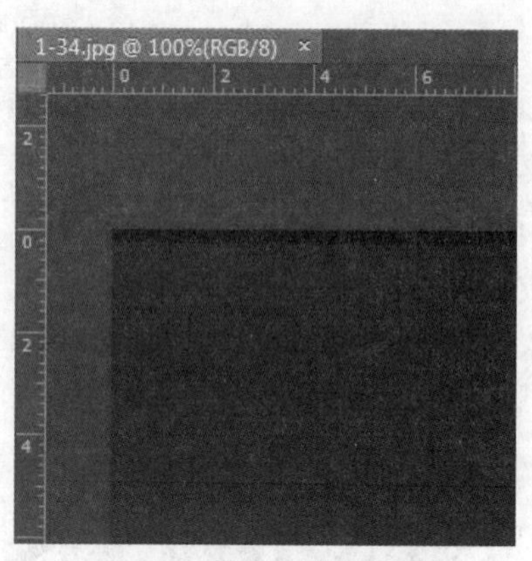

图 1-1-38

将鼠标指针放在标尺的 X 轴和 Y 轴的 0 点处，如图 1-1-39 所示，单击并按住鼠标左键不放，拖曳指针到适当的位置，如图 1-1-40 所示，松开鼠标左键，标尺的 X 轴和 Y 轴的 0 点就会处于光标移动到的位置，如图 1-1-41 所示。

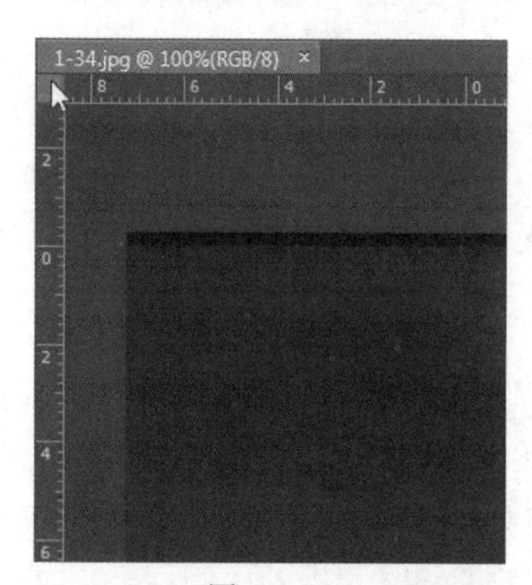

图 1-1-39

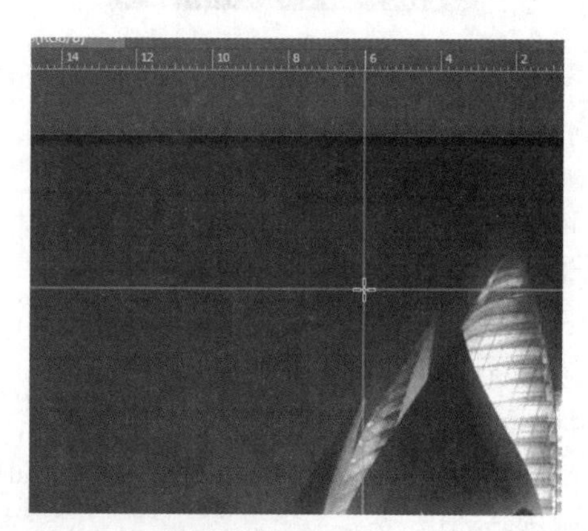

图 1-1-40

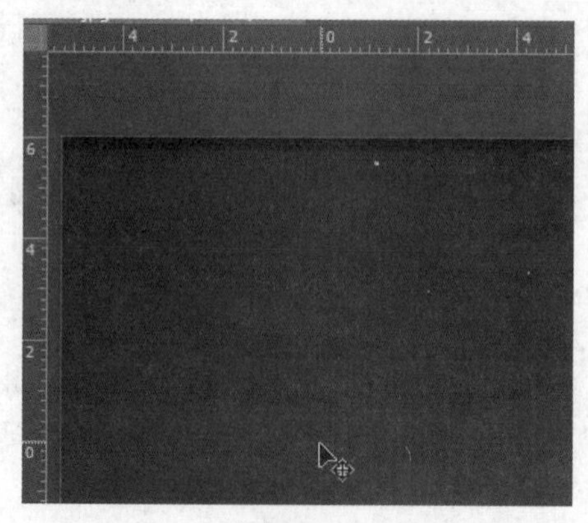

图 1-1-41

2. 参考线

（1）设置参考线：设置参考线可以使编辑图像的位置更精确。将鼠标的光标放在水平标尺上，按住鼠标不放，向下拖曳出水平的参考线，效果如图 1-1-42 所示；将鼠标的光标放在垂直标尺上，按住鼠标不放，向右拖曳出垂直的参考线，效果如图 1-1-43 所示。

图 1-1-42

图 1-1-43

（2）显示或隐藏参考线：选择“视图”→“显示”→“参考线”命令可以显示或隐藏参考线，此命令只有在存在参考线的前提下才能应用。

（3）移动参考线：选择“移动”工具，将鼠标指针放在参考线上，鼠标指针变为÷，按住鼠标拖曳，可以移动参考线。

（4）锁定、清除、新建参考线：选择“视图→“锁定参考线”命令或按 Alt+Ctrl+;组合键可以将参考线锁定，参考线锁定后将不能移动；选择“视图→“清除参考线”命令可以将参考线清除；选择“视图→“新建参考线”命令，弹出“新建参考线”对话框，如图 1-1-44 所示，设定后单击“确定”按钮，图像中将出现新建的参考线。

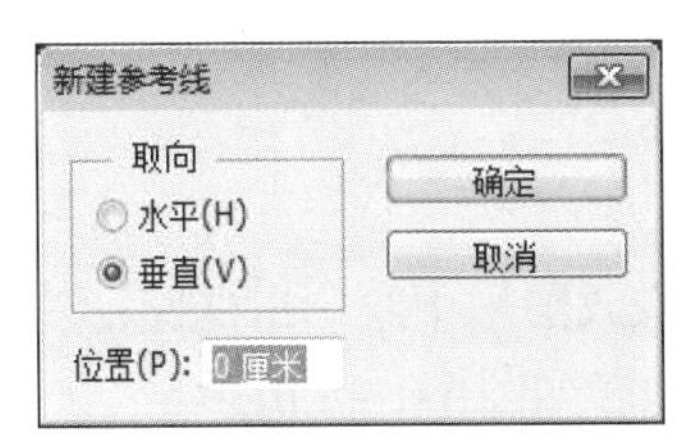

图 1-1-44

知识 1.5　选框工具

使用选框工具可以在图像或图层中绘制规则的选区，选取规则的图像。

1.5.1　矩形选框工具

使用矩形选框工具可以在图像或图层中绘制矩形选区。选择“矩形选框”工具或反复按 Shift+M 组合键，属性栏如图 1-1-45 所示。

图 1-1-45

新选区：去除旧选区，绘制新选区。

添加新选区：在原有选区的基础上增加新选区。

从选区减去：在原有选区的基础上减去新选区。

与选区交叉：选择新旧选区重叠的部分。

羽化：用于设定选区边界的羽化程度。

消除锯齿：用于清除选区边缘的锯齿。

样式：用于选择类型，“正常”选项为标准类型，“固定比例”选项用于设定长宽比例，“固定大小”选项用于固定矩形选框的长度和宽度。

选择“矩形选框”工具，在图像中适当的位置单击并按住鼠标不放，向右下方拖曳鼠标绘制选区，松开鼠标，矩形选区绘制完成，如图 1-1-46 所示。按住 Shift 键，在图像中可以绘制出正方形选区，如图 1-1-47 所示。

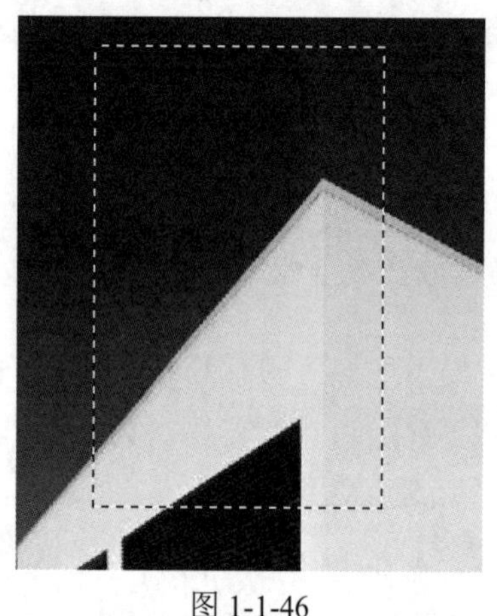

图 1-1-46

图 1-1-47

1.5.2 椭圆选框工具

使用椭圆选框工具可以在图像或图层中绘制出椭圆形选区。选择“椭圆选框”工具或反复按 Shift+M 组合键，属性栏状态如图 1-1-48 所示。

图 1-1-48

选择“椭圆选框”工具，在图像窗口中适当的位置单击并按住鼠标不放，拖曳鼠标绘制选区，松开鼠标，椭圆选区绘制完成，如图 1-1-49 所示。按住 Shift 键，在图像中可以绘制出圆形选区，如图 1-1-50 所示。

在椭圆选框工具的属性栏中可以设置其羽化值。原始效果如图 1-1-51 所示。当羽化值为“0 像素”时，绘制选区并用白色填充选区，效果如图 1-1-52 所示。当羽化值为“50 像素”时，绘制选区并用白色填充选区，效果如图 1-1-53 所示。

图 1-1-49

图 1-1-50

图 1-1-51

图 1-1-52

图 1-1-53

知识 1.6　套索工具

可以用不同的套索工具绘制出所需要的不规则选区。

1.6.1　套索工具

使用套索工具可以在图像或图层中绘制不规则形状的选区，选取不规则形状的图像。选择“套索”工具或反复按 Shift+L 组合键，属性栏如图 1-1-54 所示。

图 1-1-54

：为选择方式选项。

羽化：用于设定选区边缘的羽化程度。

消除锯齿：用于清除选区边缘的锯齿。

选择“套索”工具，在图像中的适当位置单击鼠标按住不放，拖曳鼠标在建筑的周围进行绘制，如图 1-1-55 所示，松开鼠标，选择区域自动封闭生成选区，效果如图 1-1-56 所示。

图 1-1-55

图 1-1-56

1.6.2 多边形套索工具

多边形套索工具可以用来选取不规则的多边形图像。选择“多边形套索”工具或反复按 Shift+L 组合键，其属性栏中的内容与套索工具属性栏中的内容相同。

选择“多边形套索”工具，在图像中单击设置多选区域的起点，接着单击设置选择区域的其他点，效果如图 1-1-57 所示。将鼠标光标移回到起点，多边形套索工具显示为图标，如图 1-1-58 所示，单击鼠标即可封闭选区，效果如图 1-1-59 所示。

图 1-1-57

图 1-1-58

图 1-1-59

在图像中使用“多边形套索”工具绘制选区时，按 Enter 键可封闭选区，按 Ctrl+D 键可取消选区，按 Delete 键可删除刚刚单击建立的选区。

1.6.3　磁性套索工具

磁性套索工具可以用来选取不规则的且与背景反差大的图像。选择“磁性套索”工具或反复按 Shift+L 组合键，属性栏如图 1-1-60 所示。

图 1-1-60

：为选择方式选项。

羽化：用于设定选区边缘的羽化程度。

消除锯齿：用于清除选区边缘的锯齿。

宽度：用于设定套索检测范围，磁性套索工具将在这个范围内选取反差最大的边缘。

对比度：用于设定选取边缘的灵敏度，数值越大，则要求边缘与背景的反差越大。

频率：用于设定选取点的速率，数值越大，标记速率越快，标记点越多。

钢笔压力：用于设定专用绘图板的笔刷压力。

选择“磁性套索”工具，在图像中的适当位置单击鼠标并按住不放，根据选取图像的形状拖曳鼠标，选取图像的磁性轨迹会紧贴图像的内容，如图 1-1-61 所示，将鼠标光标移回到起点，如图 1-1-62 所示，单击即可封闭选区，效果如图 1-1-63 所示。

图 1-1-61

图 1-1-62

图 1-1-63

在图像中使用“磁性套索”工具绘制选区时，按 Enter 键可封闭选区，按 Ctrl+D 键可取消选区，按 Delete 键可删除刚刚单击建立的选区。

知识 1.7 魔棒工具

魔棒工具可以用来选取图像中的某一点，并将与这一点颜色相同或相近的点自动选取到选区当中。

选择“魔棒”工具或按 W 键，属性栏如图 1-1-64 所示。

图 1-1-64

：为选择方式选项。

容差：用于控制色彩的范围，数值越大，可容许的颜色范围越大。

消除锯齿：用于清除选区边缘的锯齿。

连续：用于选择单独的色彩范围。

对所有图层取样：用于将所有可见图层中颜色容许范围内的色彩加入选区。

选择“魔棒”工具，在图像中单击需要选择的颜色区域即可得到需要的选区，如图 1-1-65 所示。调整属性栏中的容差值，再次单击需要选择的颜色区域，不同容差值的选区效果如图 1-1-66 所示。

图 1-1-65

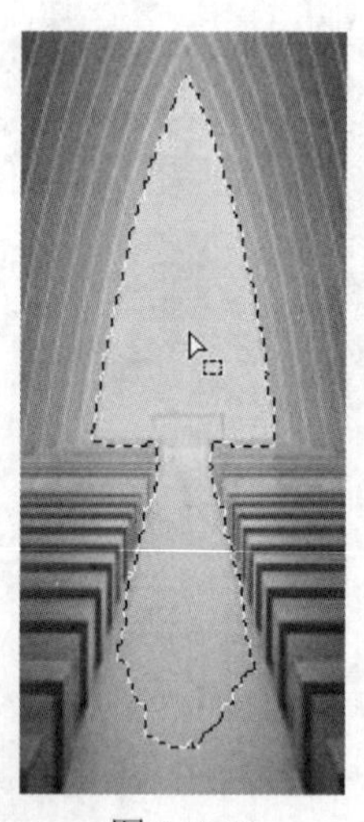

图 1-1-66

知识 1.8 认识图层

图层可以使用户在不影响图像中其他图像元素的情况下处理某一图像元素。可以将图层看作是一张张贴起来的硫酸纸，透过图层的透明区域可以看到下面的图层。通过更改图层的顺序和属性可以改变图像的合成。

1.8.1　“图层”控制面板

“图层”控制面板用来编辑图层，制作特殊效果。打开文件后，选择“窗口”→“图层”命令或按 F7 键，系统弹出“图层”控制面板，如图 1-1-67 所示。

“图层”控制面板右上方的两个系统按钮（如图 1-1-68 所示）分别是“折叠为图标”按钮和“关闭”按钮。单击“折叠为图标”按钮可以显示和隐藏“图层”型控制面板，单击“关闭”按钮可以关闭“图层”控制面板。

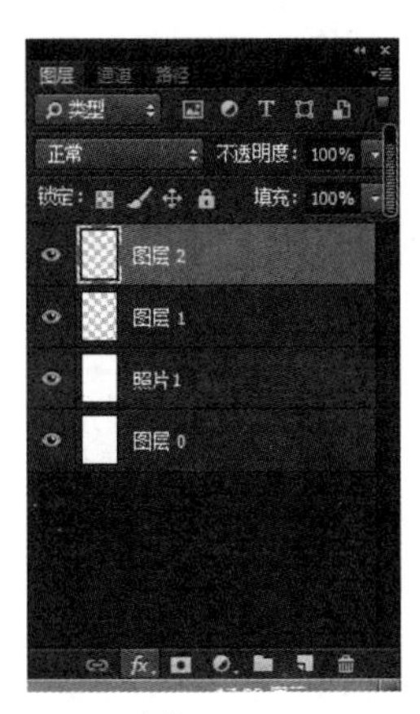

图 1-1-67

图 1-1-68

在控制面板中，第一个选项正常用于设定图层的混合模式，它包含有 20 多种图层混合模式；“不透明度”选项用于设定图层的不透明度；“填充”选项用于设定图层的填充百分比；眼睛图标用于打开或关闭图层中的内容；“链接图层”按钮表示图层与图层之间的链接关系；图标T表示这一层为可编辑的文字层；图标fx为图层效果图标。

在“图层”控制面板的中间有 4 个工具图标，从左至右依次是“锁定透明像素”按钮、“锁定图像像素”按钮、“锁定位置”按钮和“锁定全部”按钮，如图 1-1-69 所示。

“锁定透明像素”按钮用于锁定当前图层的透明区域，使透明区域不能被编辑；“锁定图像像素”按钮使当前图层和透明区域不能被编辑；“锁定位置”按钮使当前图层不能被移动；“锁定全部”按钮使当前层或序列完全被锁定。

图 1-1-69

图 1-1-70

在“图层”控制面板的最下方有 7 个工具按钮图标，从左至右依次是“链接图层”按钮、“添加图层样式”按钮、“添加图层蒙版”按钮、“创建新的填充或调整图层”按钮、“创建新组”按钮、“创建新图层”按钮和“删除图层”按钮，如图 1-1-70 所示。

“链接图层”按钮可使所选图层和当前图层成为组，当对一个链接图层进行操作时将影响组链接图层。“添加图层样式”按钮可为当前图层增加图层样式风格效果。“添加图层蒙版”按钮可在当前图层上创建一个蒙版。在图层蒙版中，黑色的代表隐藏图像，白色的代表显示图像。可以使用画笔等绘图工具对蒙版进行绘制，而且可以将蒙版转换成选择区域。“创建新的填充或调整图层”按钮可对图层进行颜色填充和效果调整。“创建新组”按钮用于新建一个文件夹，可放入图层。“创建新图层”按钮用于在当前图层的上方创建一个新层。单击“创建新图层”按钮时系统将创建一个新层。“删除图层”按钮即垃圾桶，可以将不想要的图层拖曳到此处删除掉。

1.8.2 “图层”菜单

“图层”菜单用于对图层进行不同的操作。选择“图层”命令，系统将弹出“图层”菜单，如图 1-1-71 所示。可以使用各种命令对图层进行操作，当选择不同的图层时，“图层”菜单的状态也可能不同，对图层不起作用的命令和菜单会显示为灰色。

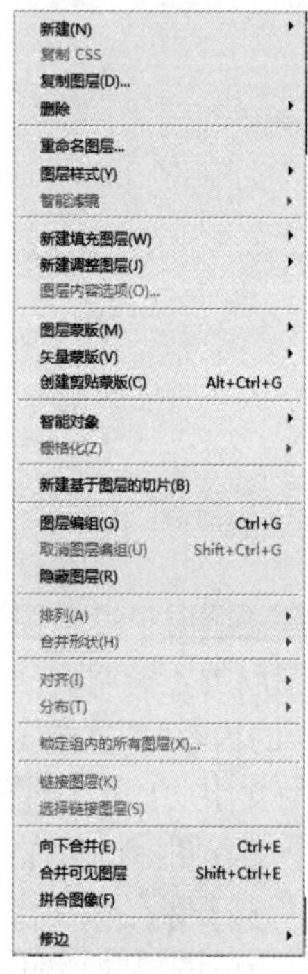

图 1-1-71

1.8.3 新建与复制图层

1. 新建图层

新建图层有以下几种方法：

（1）使用“图层”控制面板弹出子菜单。单击“图层”控制面板右上方的图标，在弹出的菜单中选择“新建图层”命令，系统将弹出“新建图层”对话框，如图 1-1-72 和图 1-1-73 所示。

（2）使用“图层”控制面板中的按钮或快捷键。单击“图层”控制面板中的“创建新图层”按钮，可以创建一个新图层。按住 Alt 键，单击“图层”控制面板中的“创建新图层”按钮，系统将弹出“新建图层”对话框。

使用“图层”命令或快捷键。选择“图层”→“新建”→“图层”命令或按 Shift+Ctrl+N 组合键，系统将弹出“新建图层”对话框。

图 1-1-72

图 1-1-73

“名称”文本框用于设定新图层的名称，可以选择与前一图层编组；“颜色”下拉列表框用于设定新图层的颜色；“模式”下拉列表框用于设定当前图层的合成模式；“不透明度”框用于设定当前图层的不透明度值。

2. 复制图层

复制图层有以下几种方法：

（1）使用“图层”控制面板弹出式菜单。单击“图层”控制面板右上方的图标，在弹出的菜单中选择“复制图层”命令，系统将弹出“复制图层”对话框，如图 1-1-74 和图 1-1-75 所示。

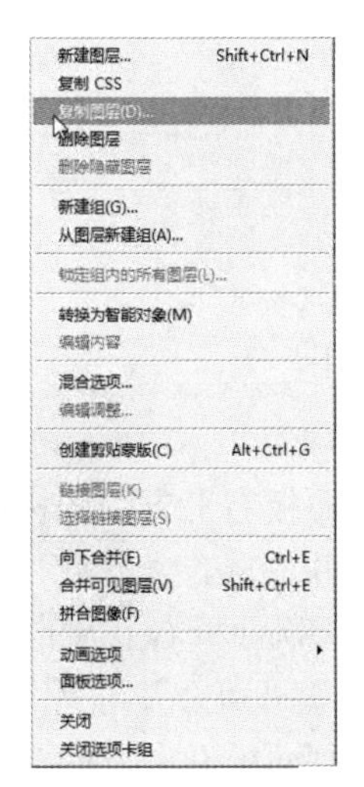

图 1-1-74

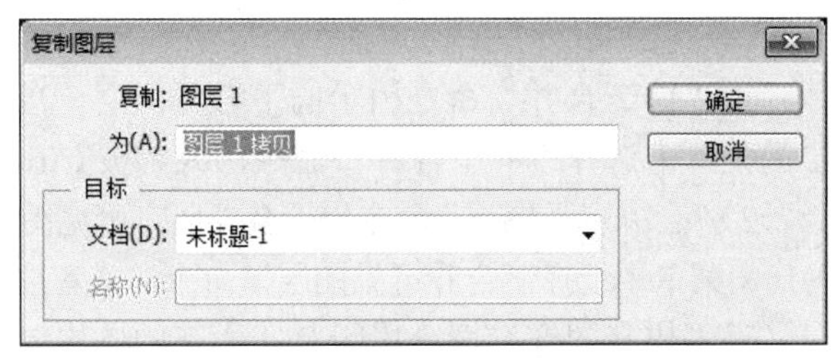

图 1-1-75

（2）使用“图层”控制面板中的按钮。将“图层”控制面板中需要复制的图层拖曳到下方的“创建新图层”按钮上可以将所选的图层复制为一个新图层。

（3）使用“图层”命令。选择“图层”→“复制图层”命令，系统将弹出“复制图层”对话框。

“为（A）：”文本框用于设定复制图层的名称，“文档（D）：”下拉列表框用于设定复制图层的文件来源文档。

使用鼠标拖曳的方法可复制不同图像之间的图层。打开目标图像和需要复制的图像，将需要复制图像的图层拖曳到目标图像的图层中，图层复制完成。

1.8.4 删除与合并图层

1. 删除图层

删除图层有以下几种方法：

（1）使用“图层”控制面板弹出式菜单。单击“图层”控面板右上方的图标，在弹出的菜单中选择“删除图层”命令，系统将弹出“删除图层”对话框，如图 1-1-76 所示，单击“是”按钮删除图层。

（2）使用“图层”控制面板中的按钮。单击“图层”控制面板中的“删除图层”按钮，系统将弹出“删除图层”对话框，单击“是”按钮删除图层；或将需要删除的图层拖曳到“删除图层”按钮上，也可以删除该图层。

（3）使用“图层”命令。选择“图层”→“删除”→“图层”命令，系统将弹出“删除图层”对话框；选择“图层”→“删除”→“链接图层”或“隐藏图层”命令，系统将弹出“删除链接图层”或“删除隐藏图层”对话框，单击“是”按钮可以将链接或隐藏的图层删除，如图 1-1-77 所示。

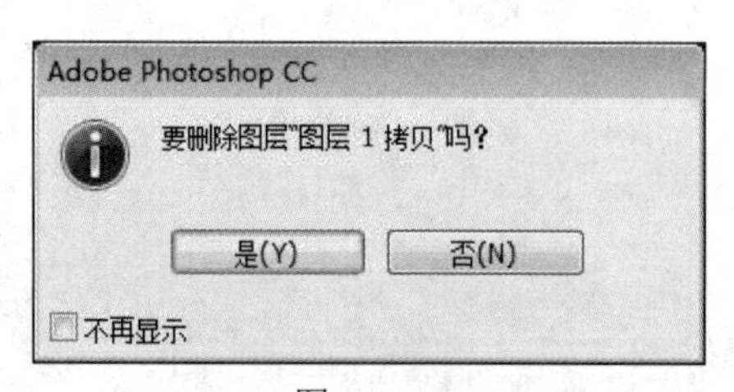

图 1-1-76

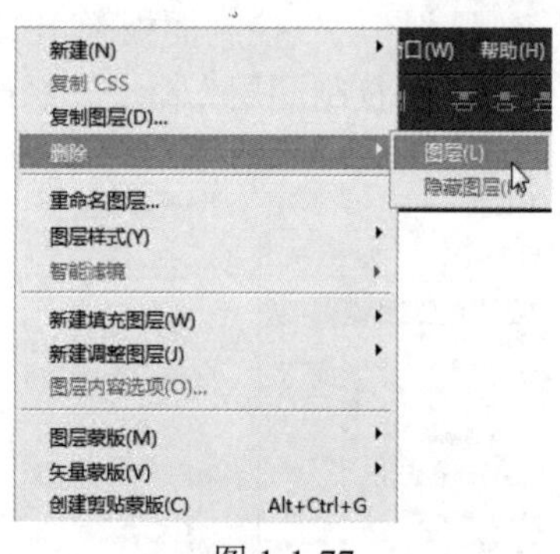

图 1-1-77

2. 合并图层

（1）“向下合并”命令用于向下合并图层。单击“图层”控制面板右上方的图标，在弹出的菜单中选择“向下合并”命令，或者按 Ctrl+E 组合键即可合并图层。

（2）“合并可见图层”命令用于合并所有可见图层。单击“图层”控制面板右上方的图标，在弹出的菜单中选择“合并可见图层”命令，或者按 Shift+Ctrl+E 组合键即可合并可见图层。

（3）“拼合图像”命令用于合并所有的图层。单击“图层”控制面板右上方的图标，在弹出的菜单中选择“拼合图像”命令即可合并所有图层。

1.8.5 显示与隐藏图层

单击“图层”控制面板中任意图层左侧的眼睛图标可以隐藏或显示这个图层。按住 Alt 键的同时，单击“图层”控制面板中任意图层左侧的眼睛图标，图层控制面板中将只显示这个图层，其他图层被隐藏。

1.8.6　图层的选择、链接和排列

（1）选择图层：单击“图层”控制面板中的任意一个图层可以选择这个图层；选择“移动”工具，右击窗口中的图像，在弹出的快捷菜单中选择所需要的图层即可，如图 1-1-78 所示。

图 1-1-78

（2）链接图层：当要同时对多个图层中的图像进行操作时，可以将多个图层进行链接，方便操作。按住 Ctrl 键的同时分别单击需要选中的图层，如图 1-1-79 所示，单击“图层”控制面板下方的“链接图层”按钮，选中的图层被链接，如图 1-1-80 所示。再次单击“链接图层”按钮可取消链接。

图 1-1-79

图 1-1-80

（3）排列图层：单击“图层”控制面板中的任意图层并按住鼠标不放，拖曳鼠标可将其调整到其他图层的上方或下方。

选择“图层”→“排列”，在级联菜单中选择相应的排列方式即可。

1.8.7　图层组

当编辑多层图像时，为了方便操作可以将多个图层建立在一个图层组中。单击“图层”

控制面板右上方的图标▾≡，在弹出的菜单中选择“新建组”命令，弹出“新建组”对话框，单击“确定”按钮新建一个图层组，如图 1-1-81 所示。选中要放置在图层组中的多个图层，如图 1-1-82 所示，将其向图层组中拖曳，选中的图层将被放置在图层组中，如图 1-1-83 所示。

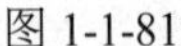

图 1-1-81

图 1-1-82

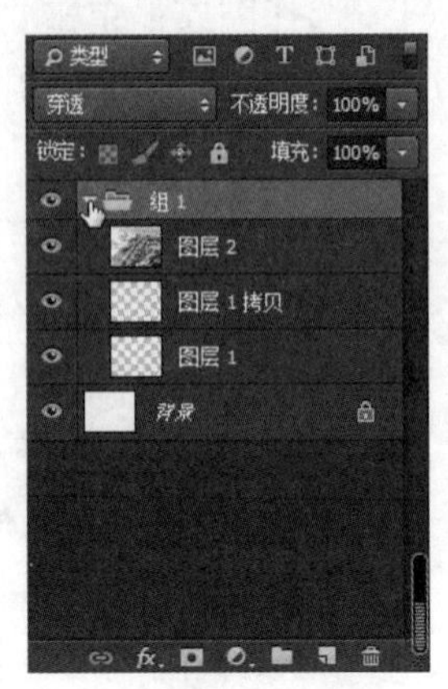

图 1-1-83

1.8.8 新建填充图层

应用“填充图层”命令可以为图像填充纯色、渐变色或图案，应用“调整图层”命令可以对图像的色彩与色调、混合与曝光度等进行调整。

1. 使用填充图层

当需要新建填充图层时，可以选择“图层”→“新建填充图层”，级联菜单中给出填充图层的 3 种方式，如图 1-1-84 所示。选择其中的一种方式，弹出“新建图层”对话框，如图 1-1-85 所示，单击“确定”按钮将根据选择的填充方式弹出不同的填充对话框。

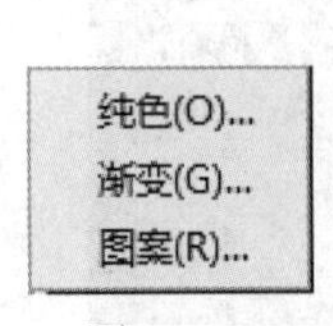

图 1-1-84

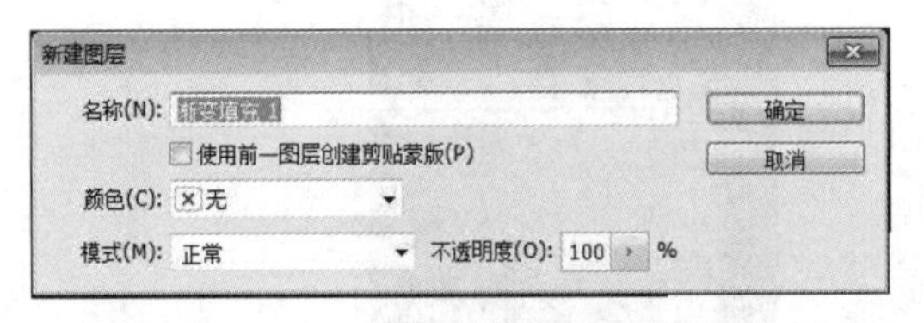

图 1-1-85

以“渐变”填充为例，如图 1-1-86 所示，单击“确定”按钮，“图层”控制面板和图像的效果如图 1-1-87 和图 1-1-88 所示。

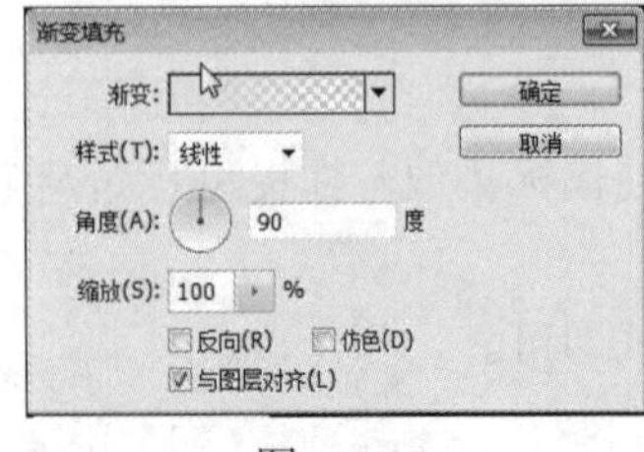

图 1-1-86

图 1-1-87

图 1-1-88

单击“图层”控制面板下方的“创建新的填充和调整图层”按钮◐，可以在弹出的菜单中选择需要的填充方式。

2. 使用调整图层

当需要对一个或多个图层进行色彩调整时，可以选择“图层”→“新建调整图层”，级联菜单中给出调整图层的多种方式，如图 1-1-89 所示。选择其中的一种方式，将弹出“新建图层”对话框，如图 1-1-90 所示。

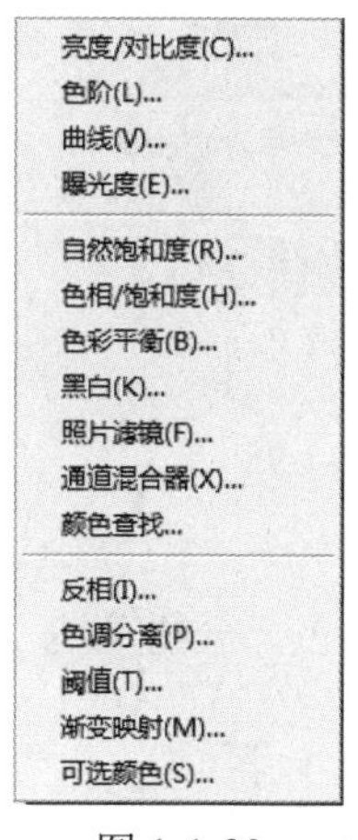

图 1-1-89

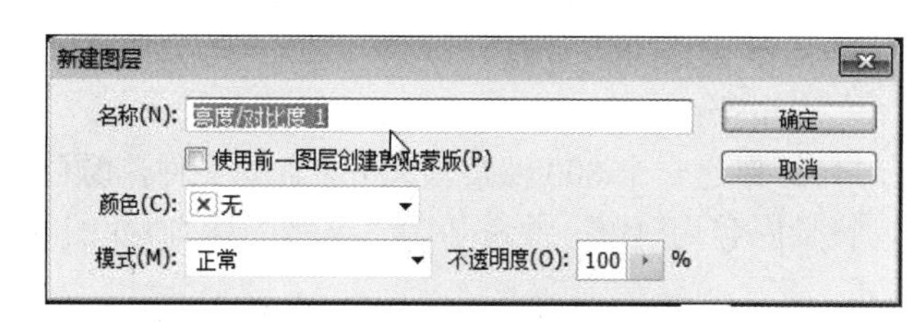

图 1-1-90

选择不同的调整方式，将弹出不同的调整对话框，以“亮度/对比度 ”为例，如图 1-1-91 所示，左右移动“亮度”和“对比度”模块变动数字，如图 1-1-92 所示，“图层”控制面板如图 1-1-93 所示。

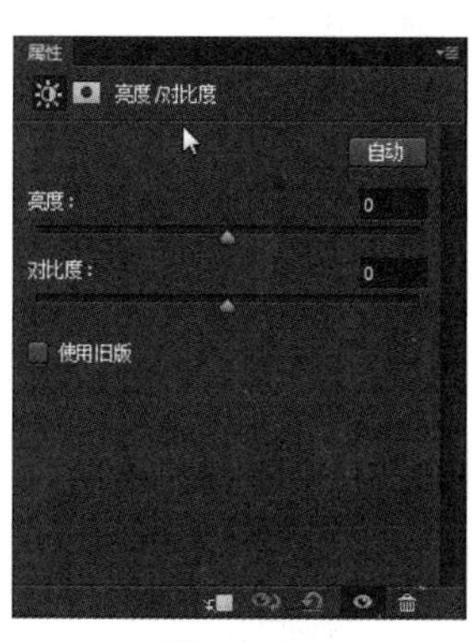

图 1-1-91

图 1-1-92

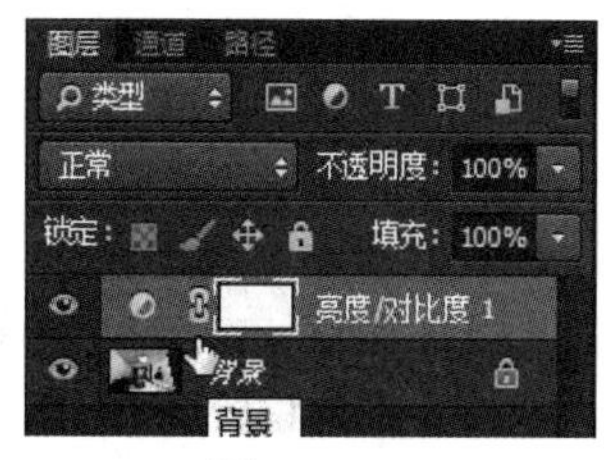

图 1-1-193

单击“图层”控制面板下方的“创建新的填充或调整图层”按钮，可以在弹出的菜单中选择需要的调整方式。

【任务挑战】

任务 1 图标设计

任务目标：使用选框工具绘制图标。

知识要点：使用椭圆选区工具绘制选区，学会运用选框工具绘制图标效果，如图 1-1-94 和图 1-1-95 所示。

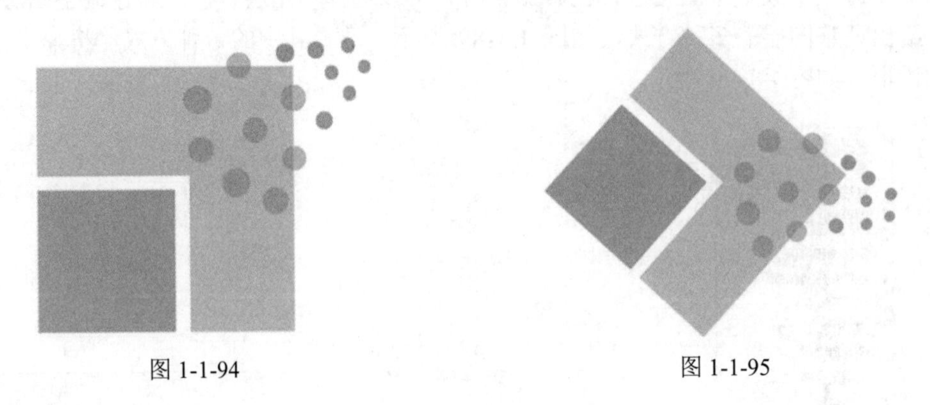

图 1-1-94　　　　图 1-1-95

实施步骤：

（1）新建一个 800 像素×800 像素的文件，颜色模式为 RGB 颜色，分辨率为 72 像素/英寸，背景内容为白色，并命名为“绘制图标”，如图 1-1-96 所示。

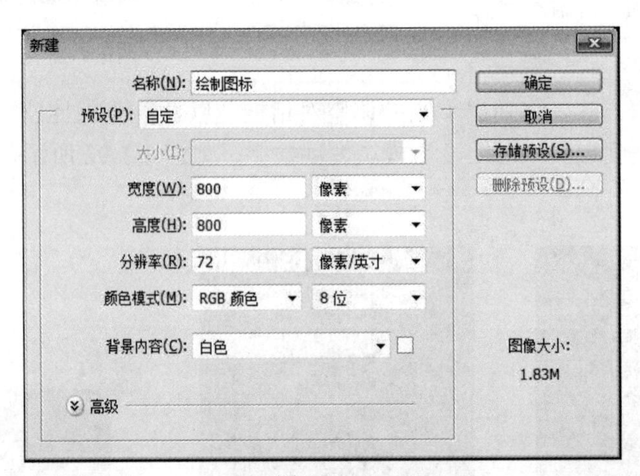

图 1-1-96

（2）选择“矩形”形状工具，大小设置为 300 像素×300 像素，如图 1-1-97 所示，绘制出矩形选框如图 1-1-98 所示，设前景色为#E9C727，按 Alt+Delete 组合键填充，按 Ctrl+D 组合键取消选择，如图 1-1-99 所示。

图 1-1-97

（3）在矩形选框属性栏的“样式”下拉列表框 样式: 正常 中选择“正常”，将鼠标放在已绘制蓝色图标的右下角，按住 Shfit 键绘制一个正方形选框，把前景色设为#8BB6E1，按 Alt+Delete 组合键填充，按 Ctrl+D 组合键取消选择，如图 1-1-100 所示。

（4）使用矩形选框工具绘制出横向矩形选框，在矩形选框工具栏中选择“添加到选区”，拖出一竖向的长方形选区，如图 1-1-101 所示。

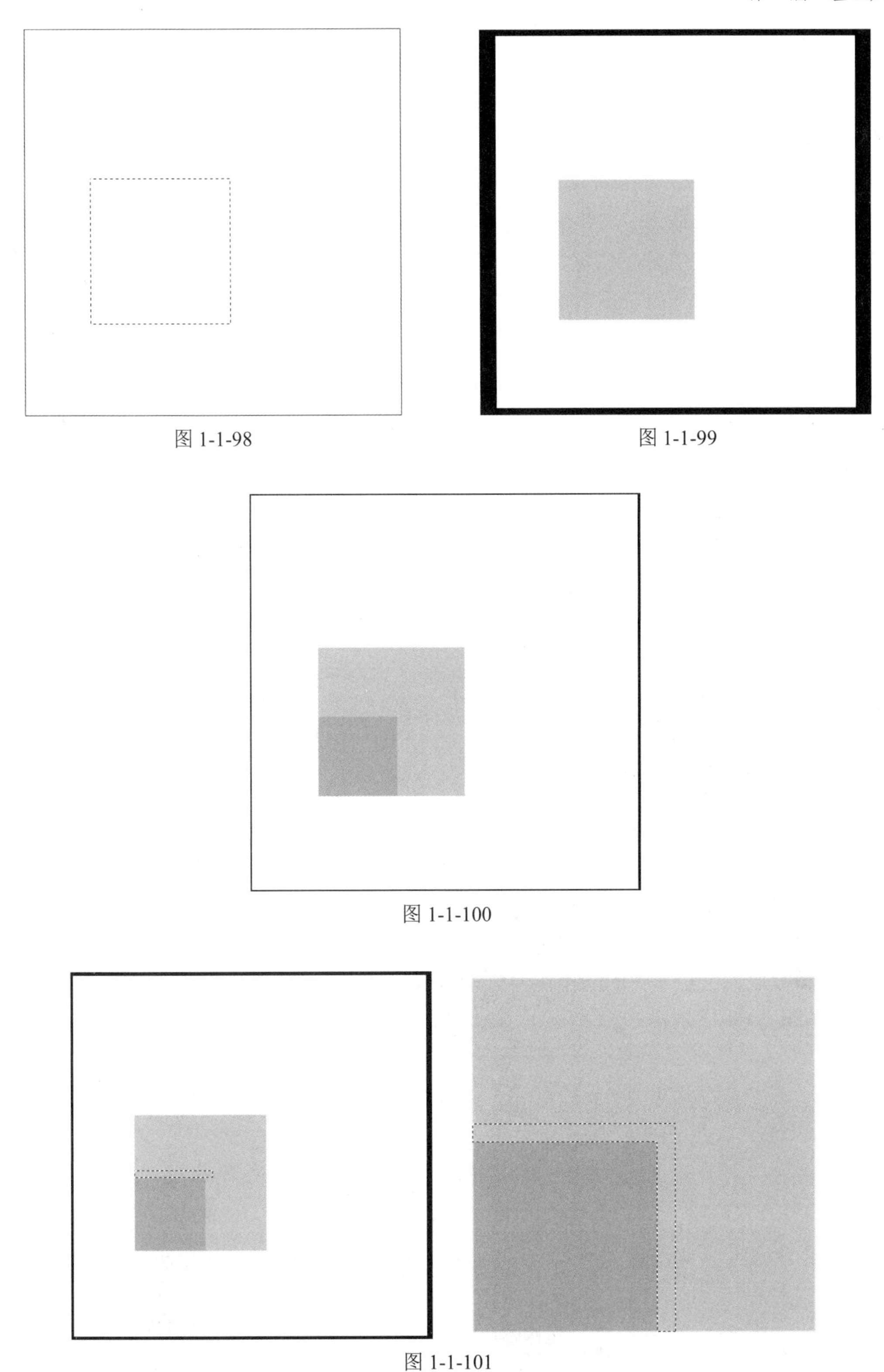

图 1-1-98

图 1-1-99

图 1-1-100

图 1-1-101

（5）按 Ctrl+Delete 组合键填充，按 Ctrl+D 组合键取消选择，如图 1-1-102 所示。

图 1-1-102

（6）按住 Shfit 键用椭圆选框工具分别绘出 5 个小圆选区，并对这 5 个选区填充蓝色，如图 1-1-103 所示。

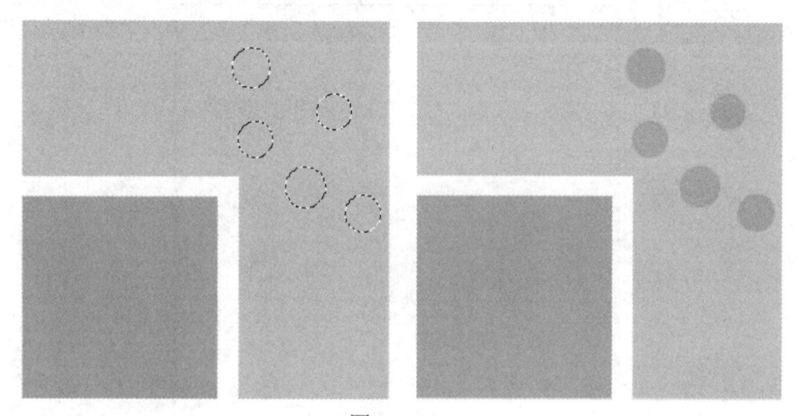

图 1-1-103

（7）使用椭圆选框工具在黄色矩形的边缘处绘制出两个小圆，将两个圆形选区填充为蓝色，如图 1-1-104 所示。选择矩形选框工具，按住 Alt 键减去黄色矩形内部的半圆选区，选择吸管工具吸取黄色矩形中的颜色作为前景色，按住 Alt+Delete 组合键对所选半圆选区进行填充，如图 1-1-105 所示。

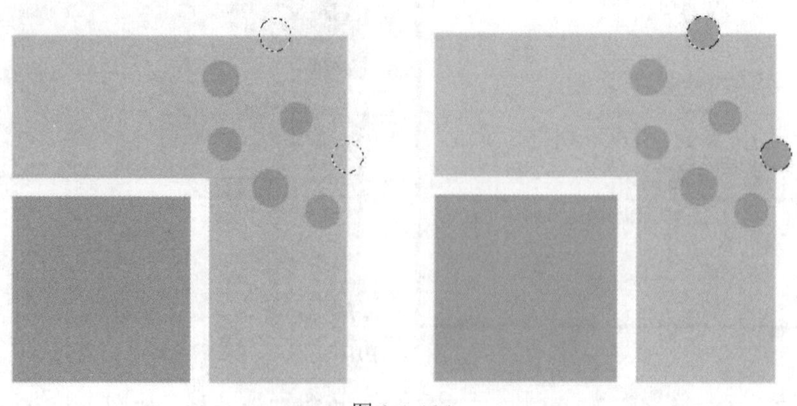

图 1-1-104

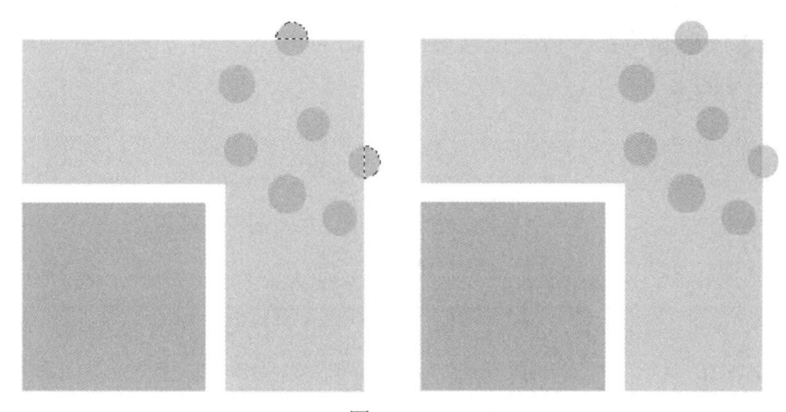

图 1-1-105

（8）使用椭圆选框工具在空白区域绘制出小圆并填充为蓝色，再使用矩形选框工具减去多余的选区，剩下蓝色半圆选区，如图 1-1-106 所示。

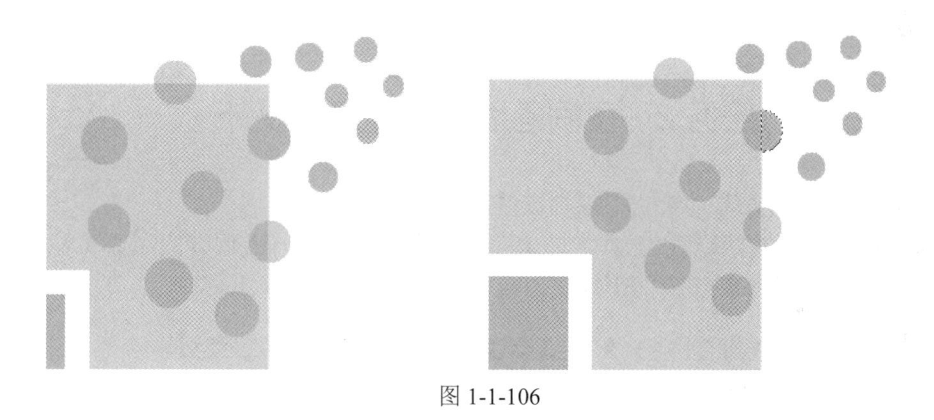

图 1-1-106

（9）使用吸管工具选中黄色矩形中的颜色，再选择油漆桶工具将吸取到的黄色填充至半圆选区中，如图 1-1-107 所示。使用矩形选框工具框选整个标志图案，按 Ctrl+T 组合键将其旋转至合适的位置，如图 1-1-108 所示。

图 1-1-107

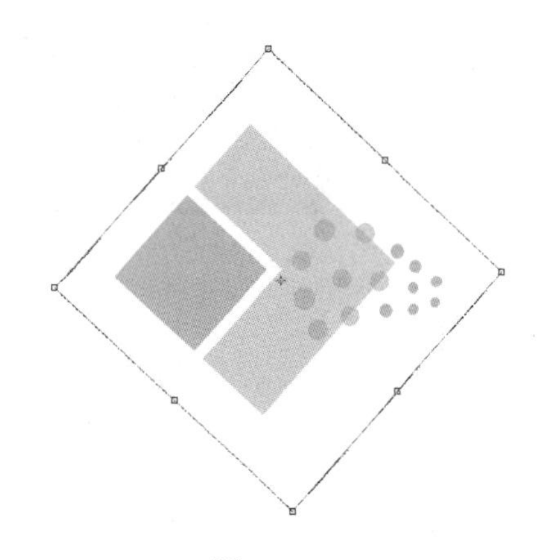

图 1-1-108

（10）将标志图形旋转到合适的位置后按 Enter 键确定，再按 Ctrl+D 组合键取消选区，最终效果如图 1-1-109 所示。

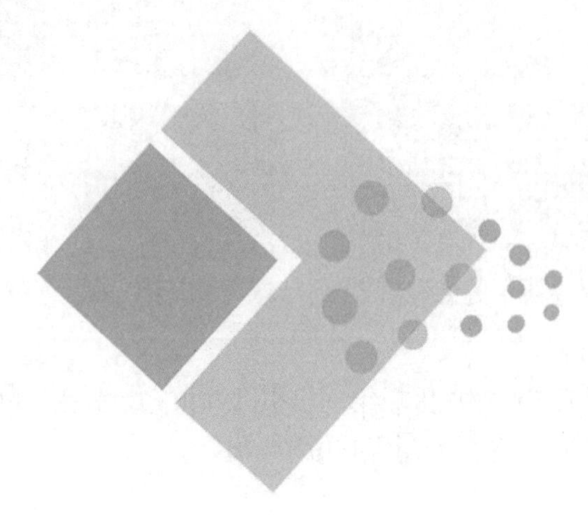

图 1-1-109

任务 2　夜间落地窗环境效果设计

任务目标：使用套索工具绘制不规则选区。

知识要点：使用多边形套索工具将玻璃窗外的图像抠出来，使用套索工具将城市图像抠出来，学会运用图层顺序制作夜间落地窗效果，如图 1-1-110 所示。

图 1-1-110

实施步骤：

（1）使用多边形套索工具抠图。

打开素材“落地窗”和“室外建筑”图片，双击背景图层中的图标解锁该图层，如图 1-1-111 和图 1-1-112 所示。选择多边形套索工具，并在属性栏中单击“添加到选区”图标，即可叠加选择选区，如图 1-1-113 所示，按 Delete 键删除所选选区图像，按 Ctrl+D 组合键取消选区。

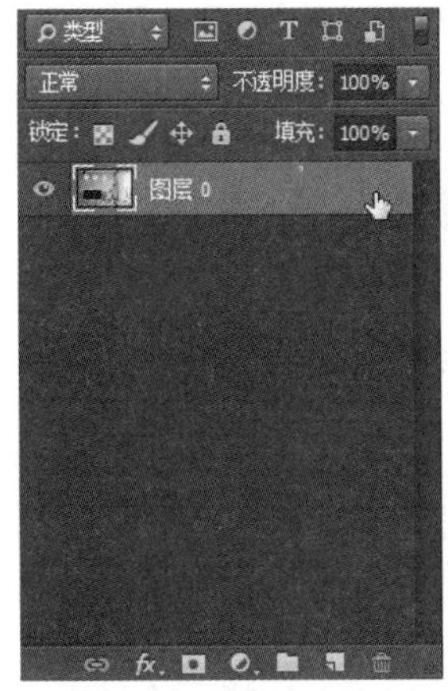

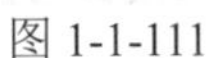
图 1-1-111

图 1-1-112

图 1-1-113

（2）运用图层顺序。

打开素材“室外建筑”图片，如图 1-1-114 所示，将鼠标所指的图层拖曳到“落地窗”文件图层中，如图 1-1-115 所示，调整图层顺序将图层 1 拖曳到图层 0 下方，使“室外建筑”素材位于“落地窗”素材的下一层，选中图层 1，按住 Ctrl+T 组合键调整图层到合适的位置，按 Enter 键确定，此时窗外的背景更换为室外建筑物，效果如图 1-1-116 所示。

图 1-1-114

图 1-1-115

图 1-1-116

任务 3　中式建筑天空背景设计

任务目标：使用魔棒工具选取颜色相同或相近的区域。

知识要点：使用魔棒工具更换背景，使用色相/饱和度命令调整图片亮度，使用魔棒工具更换背景，效果如图 1-1-117 所示。

图 1-1-117

实施步骤：

（1）添加图片并更换背景。

打开素材“中式建筑”图片，双击背景图层中的图标解锁该图层，选择魔棒工具，单击属性栏中的“添加选区”按钮，将“容差”设置为 60，在素材“中式建筑”

图像中的蓝色天空区域单击生成选区，效果如图 1-1-118 所示。按 Delete 键删除选区中的图像，效果如图 1-1-119 所示。按 Ctrl+D 组合键取消选区。

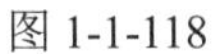
图 1-1-118

图 1-1-119

（2）运用图层顺序。

打开素材“蓝天白云”，如图 1-1-120 所示，将鼠标所指的图层拖曳到“中式建筑”图层中，如图 1-1-121 所示，调整图层顺序，将图层 1 拖曳到图层 0 下方，使“蓝天白云”素材位于“中式建筑”素材的下一层,选中图层 1，按住 Ctrl+T 组合键调整图层到合适的位置，按 Enter 键确定，此时中式建筑的背景更换为蓝天白云，如图 1-1-122 所示。

图 1-1-120

图 1-1-121

图 1-1-122

任务 4　北欧极简 loft 风格设计

任务目标：移动、调整、组合图层，改变图层逻辑顺序，使用创建和调整图层命令调整图片颜色，制作北欧极简 loft。

知识要点：使用混合模式命令制作图片的叠加效果，使用色相/饱和度命令和色阶命令调整图片的颜色。墙壁画效果如图 1-1-123 所示。

图 1-1-123

实施步骤：

（1）新建图层。

打开素材 01，在图层控制面板中双击“锁定”按钮 对图层进行解锁，右击背景图层将其重命名为“北欧极简 loft”，如图 1-1-124 所示。按 Ctrl+O 组合键打开素材“装饰画 1”和“装饰画 2”，如图 1-1-125 所示。调整好装饰画素材的位置，如图 1-1-126 所示。

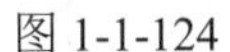
图 1-1-124

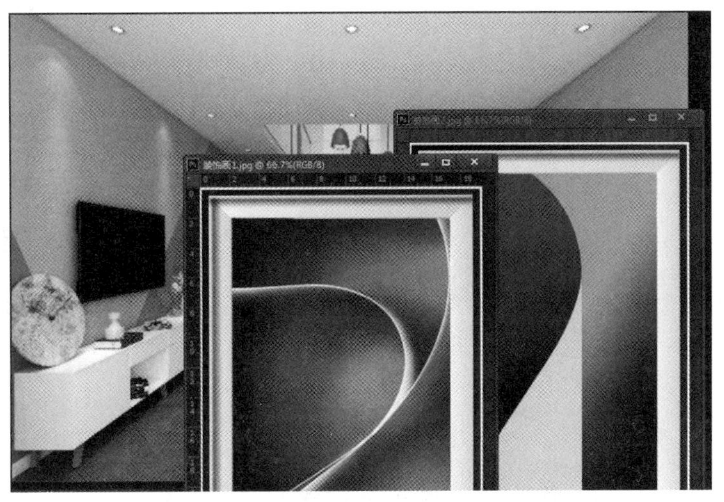

图 1-1-125

图 1-1-126

（2）拖动并链接图层。

将“装饰画 1”和“装饰画 2”拖动到“北欧极简 loft”中，在图层面板中按住 Shift 键将图层 1 和图层 2 同时选中，单击图层面板下方的“链接图层“按钮，如图 1-1-127 所示。

（3）合并图层。

按 Ctrl+T 组合键对图层 1 和图层 2 同时进行自由变换将其调整到画面中适当的位置，右击并选择“透视”选项，如图 1-1-128 所示，单击自由变换的调整手柄对位置、大小和透视进行调整，如图 1-1-129 所示。将图层面板中的“不透明度”调整为 80% 不透明度：80%，选中图层 1 并右击，选择“合并图层”选项，如图 1-1-130 所示。

图 1-1-127

图 1-1-128

图 1-1-129

图 1-1-130

（4）调整图层。

选择“图层”→“新建调整图层”，在级联菜单中给出的多种方式中选择“亮度/对比度”将“亮度”调整为10，效果如图1-1-132所示。

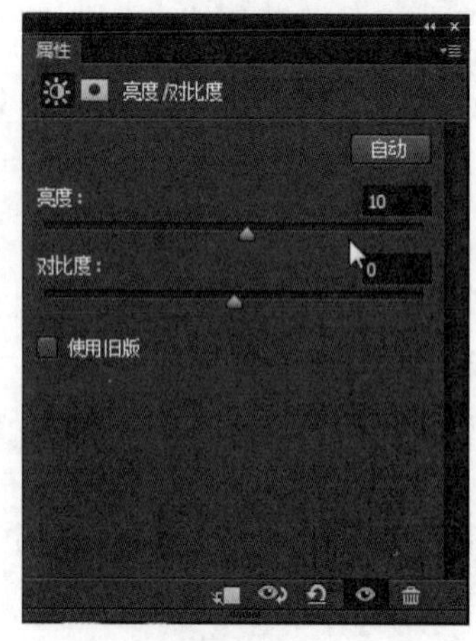

图 1-1-131

图 1-1-132

【项目小结】

本项目对 Photoshop 图像处理的基础知识进行了详细介绍，并结合相关任务增强了学生的实践技能，帮助大家更快熟悉 Photoshop 软件及其基本功能。

【思考题】

1．请说一说位图与矢量图的区别。

2．Photoshop CC 中的格式有哪些？

3．Photoshop CC 提供了多种色彩模式，这些色彩模式中经常使用的有哪几种？

【拓展练习】

练习 1　绘制风景插图

根据所给的素材，使用套索工具和魔棒工具去除图像背景，使用移动工具移动素材，将素材组合成为一幅风景插图，最终效果如图 1-1-133 所示。

图 1-1-133

练习 2　绘制简单建筑插图

使用矩形选框工具和椭圆选框工具绘制建筑物的主体结构，使用移动工具移动素材，将素材组合成为一幅建筑插图，最终效果如图 1-1-134 所示。

图 1-1-134

第二篇　常用技能

项目 1　绘制与编辑图像知识详解

【项目导读】

本项目将详细介绍 Photoshop CC 绘制、修饰及填充图像的功能。通过本项目的学习，可以应用画笔工具和填充工具绘制出丰富多彩的图像效果，使用仿制图章、污点修复、红眼等工具修复有缺陷的图像，从而能够了解和掌握绘制和修饰图像的基本方法和操作技巧，并将绘制和修饰图像的各种功能和效果应用到实际设计制作任务中，真正做到学以致用。

【项目目标】

学习目标：掌握绘图工具的使用方法和技巧
　　　　　掌握修图工具的使用方法和技巧
　　　　　掌握填充工具的使用方法和技巧
重　　点：掌握画笔工具的使用方法和技巧
　　　　　掌握描边命令的使用方法和技巧
　　　　　掌握剪裁工具的使用方法和技巧
难　　点：熟练运用画笔工具
　　　　　熟练运用剪裁工具
　　　　　熟练运用修复工具

【知识链接】

知识 1.1　图像绘制工具

使用绘图工具和填充工具是绘制和编辑图像的基础。画笔工具用于绘制各种绘画效果，铅笔工具用于绘制各种硬边效果，渐变工具用于创建多种颜色间的渐变效果，定义图案命令用于自定义图案填充图形，描边命令用来为选区描边。

1.1.1　画笔的使用

应用不同的画笔形状、设置不同的画笔不透明度和画笔模式，可以绘制出多姿多彩的图像效果。

1. 画笔工具

选择“画笔”工具或反复按 Shift+B 组合键，属性栏如图 2-1-1 所示。

图 2-1-1

画笔预设：用于选择预设的画笔。

模式：用于选择混合模式。选择不同的模式，用喷枪工具操作时将产生丰富的效果。

不透明度：可以设定画笔的不透明度。

流量：用于设定描边的流动速率，压力越大，喷色越浓。

喷枪：可以选择喷枪效果。

在画笔工具的属性栏中单击“画笔”选项右侧的按钮，弹出如图 2-1-2 所示的“画笔选择”面板，在其中可以选择画笔形状。

拖曳“大小”选项下方的滑块或直接输入数值可以设置画笔的大小。

单击“画笔选择”面板右侧的齿轮状按钮，在弹出的下拉列表中选择“小列表”选项，如图 2-1-3 所示，此时的“画笔选择”面板的显示效果如图 2-1-4 所示。

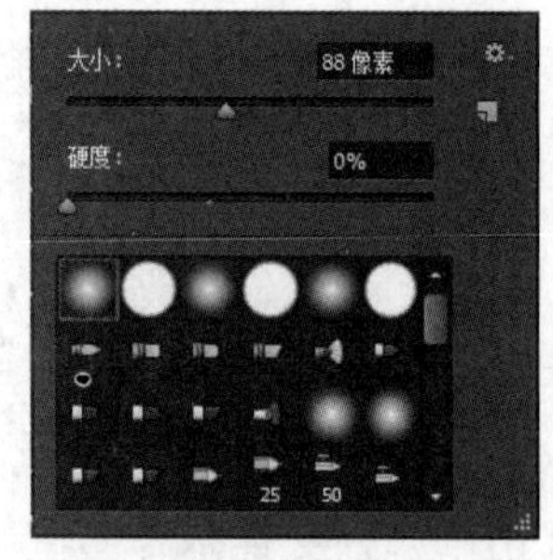

图 2-1-2

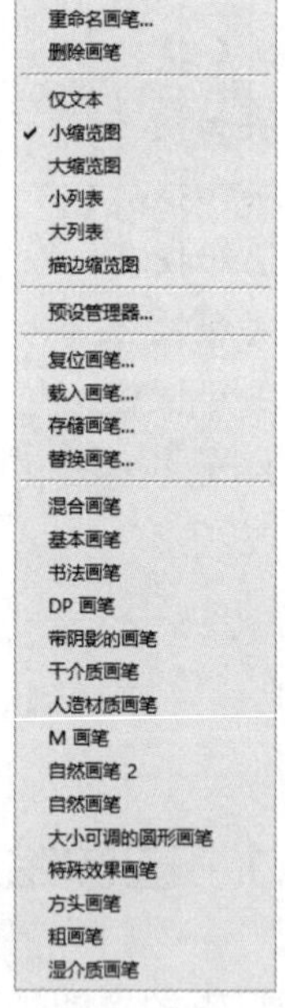

图 2-1-3

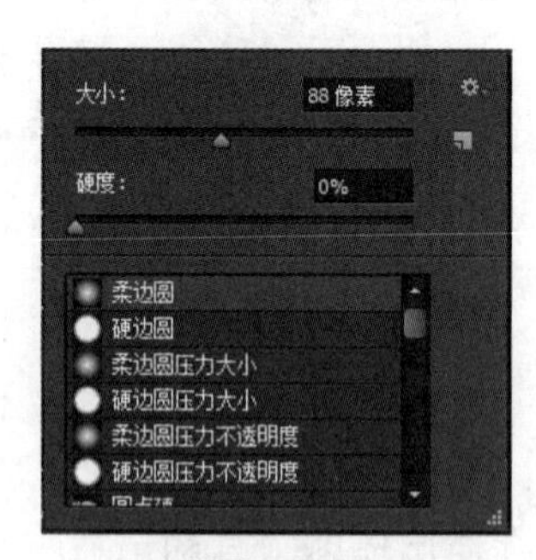

图 2-1-4

新建画笔预设：用于建立新画笔。

重命名画笔：用于重新命名画笔。

删除画笔：用于删除当前选中的画笔。

仅文本：以文字描述方式显示“画笔选择”面板。

小缩览图：以小图标方式显示“画笔选择”面板。

大缩览图：以大图标方式显示“画笔选择”面板。

小列表：以文字和小图标列表方式显示“画笔选择”面板。

大列表：以文字和大图标列表方式显示“画笔选择”面板。

描边缩览图：以笔画的方式显示“画笔选择”面板。

预设管理器：用于在弹出的“预设管理器”对话框中编辑画笔。

复位画笔：用于恢复默认状态的画笔。

载入画笔：用于将存储的画笔载入面板。

存储画笔：对当前的画笔进行存储。

替换画笔：用于载入新画笔并替换当前画笔。

在“模式”选项的下拉列表中可以为画笔设置模式。应用不同的模式，画笔绘制出来的效果也不相同。画笔的“不透明度”选项用于设置绘制效果的不透明度，数值为100%时，画笔效果为不透明，其数值范围为0%～100%。

2. 画笔面板

可以应用画笔面板为画笔定义不同的形状和渐变颜色，绘制出各式各样的画笔图形。

单击属性栏中的按钮或选择“窗口”→“画笔”命令，弹出“画笔”控制面板，单击“画笔预设”按钮，弹出“画笔预设”控制面板，如图2-1-5所示。在其中的画笔选择框中单击需要的画笔后，在“画笔”控制面板中单击左侧的其他选项可以设置不同的样式。在“画笔”控制面板下方还提供了一个预览画笔效果的窗格，可预览设置的效果。

“画笔笔尖形状”控制面板可以设置画笔的形状。在“画笔”控制面板中，单击“画笔笔尖形状”选项切换到相应的控制面板，如图2-1-6所示。

大小：用于设置画笔的大小。

角度：用于设置画笔的倾斜角度。

圆度：用于设置画笔的圆滑度。在右侧的预览窗格中可以观察和调整画笔的角度和圆滑度。

硬度：用于设置画笔所画图像边缘的柔化程度，硬度的数值用百分比表示。

间距：用于设置画笔画出的标记点之间的距离。

单击“形状动态”选项切换到相应的控制面板，如图2-1-7所示。

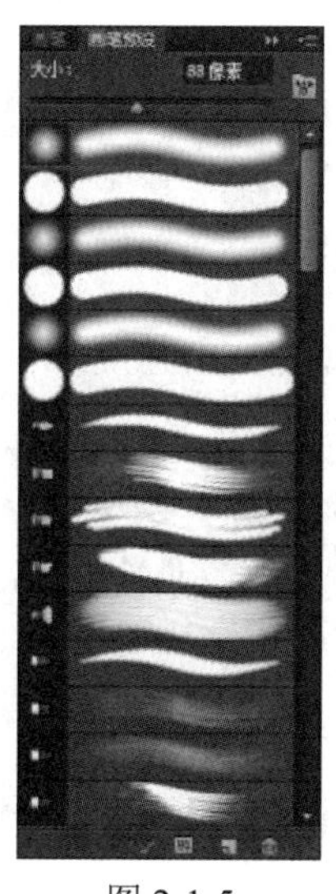

图2-1-5

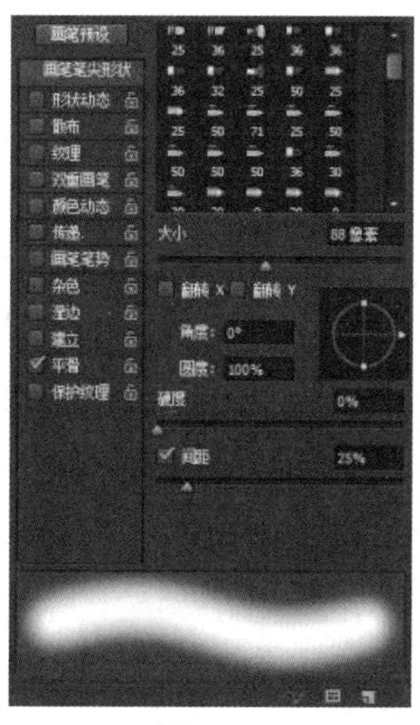

图2-1-6

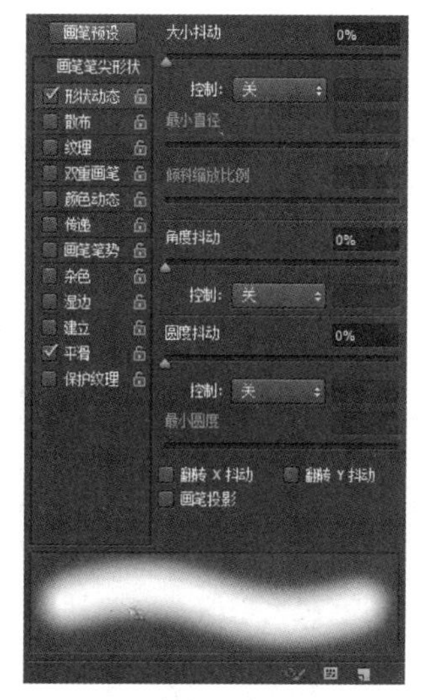

图2-1-7

大小抖动：用于设置动态元素的自由随机度。数值设置为 100%时，画笔绘制的元素会出现最大的自由随机度；数值设置为 0%时，画笔绘制的元素没有变化。

控制：用来控制动态元素的变化，其下拉列表框中有 5 个选项可供选择：关、渐隐、钢笔压力、钢笔斜度和光笔轮。

最小直径：用来设置画笔标记点的最小尺寸。

角度抖动、控制：用于设置画笔在绘制线条的过程中标记点角度的动态变化效果，在“控制”选项的下拉列表框中可以选择各个选项来控制抖动角度的变化。

圆度抖动、控制：用于设置画笔在绘制线条的过程中标记点圆度的动态变化效果，在“控制”选项的下拉列表框中可以选择各个选项来控制圆度抖动的变化。

最小圆度：用于设置画笔标记点的最小圆度。

“散布”控制面板可以设置画笔绘制的线条中标记点的效果。在“画笔”控制面板中，单击“散布”选项切换到相应的控制面板，如图 2-1-8 所示。

散布：用于设置画笔绘制的线条中标记点的分布效果。不勾选“两轴”复选项，则标记点的分布与画笔绘制的线条方向垂直；勾选“两轴”复选项，则标记点将以放射状分布。

数量：用于设置每个空间间隔中标记点的数量。

数量抖动：用于设置每个空间间隔中标记点的数量变化，在“控制”选项的下拉列表框中可以选择各个选项来控制数量抖动的变化。

“颜色动态”控制面板用于设置画笔绘制过程中颜色的动态变化情况。在“画笔”控制面板中单击“颜色动态”选项切换到相应的控制面板，如图 2-1-9 所示。

前景/背景抖动：用于设置画笔绘制的线条在前景色和背景色之间的动态变化。

色相抖动：用于设置画笔绘制线条的色相动态变化范围。

饱和度抖动：用于设置画笔绘制线条的饱和度动态变化范围。

亮度抖动：用于设置画笔绘制线条的亮度动态变化范围。

纯度：用于设置颜色的纯度。

单击“传递”选项切换到相应的控制面板，如图 2-1-10 所示。

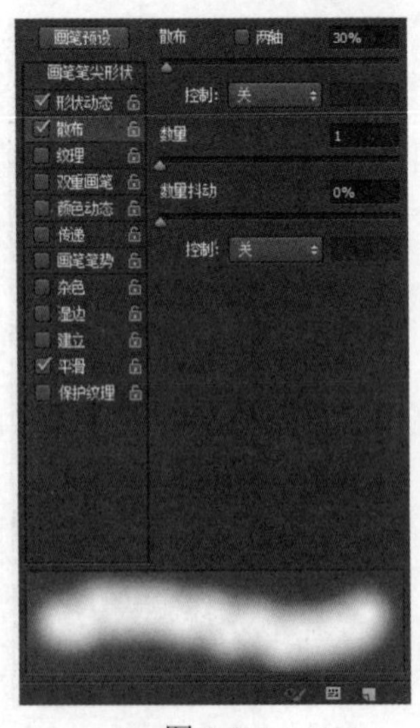

图 2-1-8

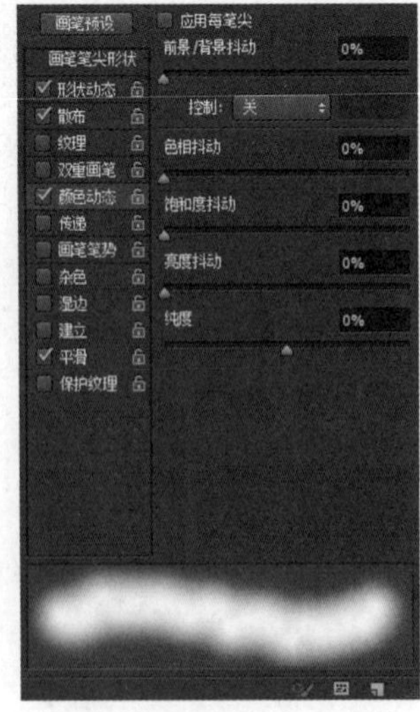

图 2-1-9

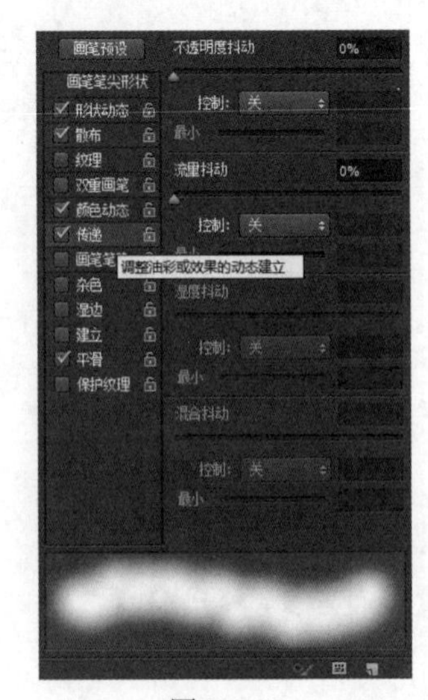

图 2-1-10

3. 载入画笔

单击“画笔预设”控制面板右上方的图标▾≡，在下拉列表中选择“载入画笔”选项，弹出“载入”对话框。在其中选择 Photoshop CC→“预置”→“画笔”文件夹，将显示多种可以载入的画笔文件。选择需要的画笔文件，单击“载入”按钮将画笔载入。

4. 制作画笔

打开一幅图像，如图 2-1-11 所示。按 Ctrl+A 组合键将图像全选，如图 2-1-12 所示。选择“编辑”→“定义画笔预设”命令，弹出“画笔名称”对话框，如图 2-1-13 所示进行设定后单击“确定”按钮，将选取的图像定义为画笔。

图 2-1-11

图 2-1-12

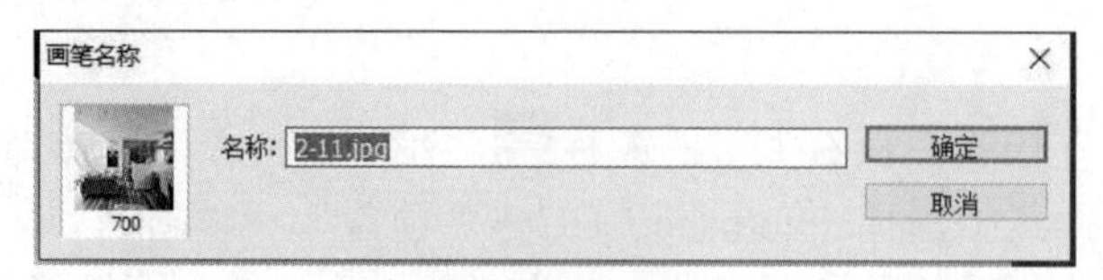

图 2-1-13

在画笔选择窗格中可以看到刚制作好的画笔，如图 2-1-14 所示。选择制作好的画笔，在“画笔”工具属性栏中进行设置，再单击按钮选择喷枪效果，如图 2-1-15 所示。

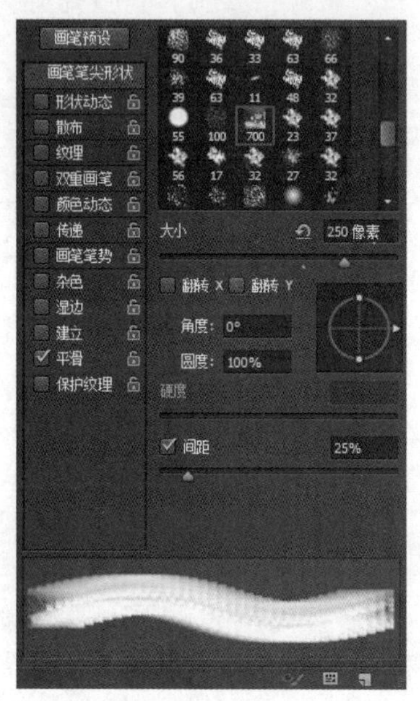

图 2-1-14

图 2-1-15

打开原始图像，如图 2-1-16 所示。将“画笔”工具放在图像中适当的位置，按下鼠标左键喷出新的画笔效果，如图 2-1-17 所示。喷绘时按下鼠标左键时间的长短决定画笔颜色的深浅，如图 2-1-18 所示。

图 2-1-16

图 2-1-17

图 2-1-18

1.1.2　铅笔的使用

“铅笔”工具可以模拟铅笔的效果进行绘画。选择“铅笔”工具的方法有以下两种：

- 单击工具箱中的“铅笔”工具。
- 反复按 Shift+B 组合键。

启用“铅笔”工具，属性栏如图 2-1-19 所示。

图 2-1-19

在“铅笔”工具的属性栏中，“画笔预设”选项用于选择画笔，“模式”选项用于选择混合模式，“不透明度”选项用于设定不透明度，“自动抹除”选项用于自动判断绘画时的起始点颜色，如果起始点颜色为背景色，则“铅笔”工具将以前景色绘制，如果起始点颜色为前景色，“铅笔”工具则会以背景色绘制。

选择“铅笔”工具，在属性栏中选择画笔，选择“自动抹除”选项，如图 2-1-20 所示。此时绘制效果与鼠标所单击的起始点颜色有关。当鼠标单击的起始点像素与前景色相同时，“铅笔”工具将行使“橡皮擦”工具的功能，以背景色绘图；当鼠标单击的起始点颜色不是前景色时，绘图时仍然会保持以前景色绘制。

图 2-1-20

例如，将前景色和背景色分别设定为黄色和白色。在图中单击鼠标左键，画出三条黄色线条。在黄色区域内单击绘制一根线条，颜色就会变成白色。重复以上操作，得到的效果如图 2-1-21 所示。

图 2-1-21

1.1.3 渐变工具

选择“渐变”工具或反复按 Shift+G 组合键，属性栏如图 2-1-22 所示。

图 2-1-22

：用于选择和编辑渐变的色彩。

：用于选择渐变的类型，包括线性渐变、径向渐变、角度渐变、对称渐变、菱形渐变。

模式：用于选择着色的模式。

不透明度：用于设定不透明度。

反向：用于产生反向色彩渐变的效果。

仿色：用于使渐变更平滑。

透明区域：用于产生不透明度。

如果要自定义渐变形式和色彩，可单击“点按可编辑渐变”按钮，在弹出的“渐变编辑器”对话框中进行设置，如图 2-1-23 所示。

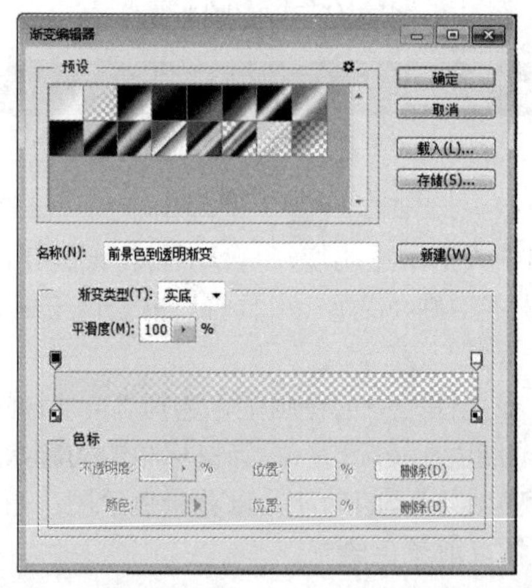

图 2-1-23

在“渐变编辑器”对话框中，单击颜色编辑框下方的适当位置可以增加颜色色标，如图 2-1-24 所示。可以在对话框下方的“颜色”选项中选择颜色，或者双击刚建立的颜色色标，弹出“拾色器”对话框，在其中选择适当的颜色，如图 2-1-25 所示，单击“确定”按钮，颜色即可改变。颜色的位置也可以进行调整，在“位置”选项的数值框中输入数值或用鼠标直接拖曳颜色色标都可以调整颜色色标的位置。

任意选择一个颜色色标，如图 2-1-26 所示，单击对话框下方的“删除”按钮 删除(D) 或按 Delete 键可以将颜色色标删除，如图 2-1-27 所示。

在对话框中单击颜色编辑框左上方的黑色色标，如图 2-1-28 所示，调整“不透明度”选项的数值可以使开始的颜色到结束的颜色显示为半透明的效果，如图 2-1-29 所示。

图 2-1-24

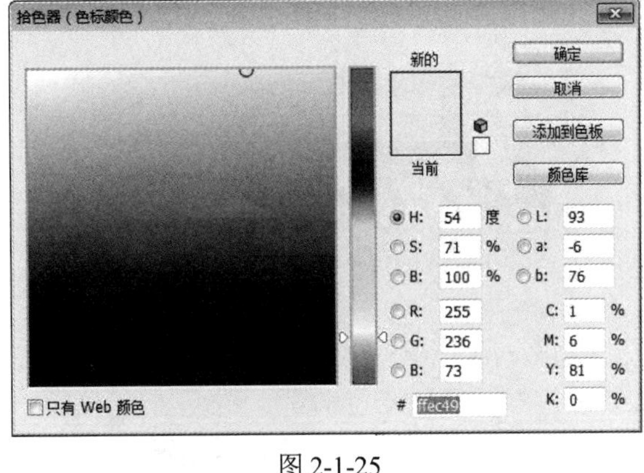

图 2-1-25

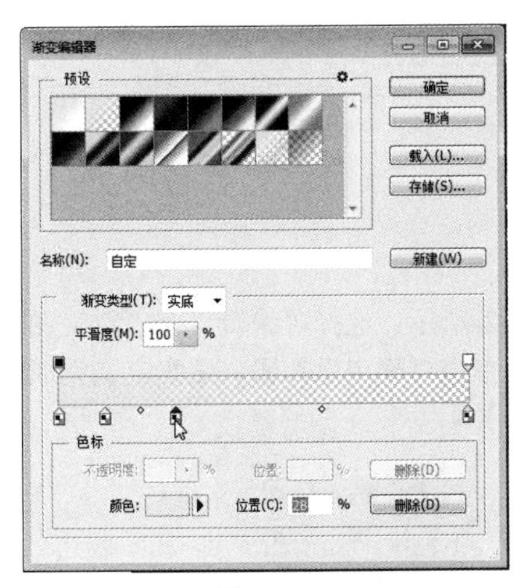

图 2-1-26

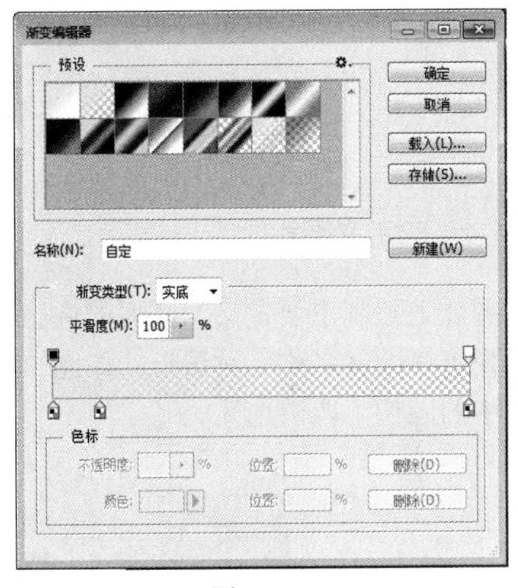

图 2-1-27

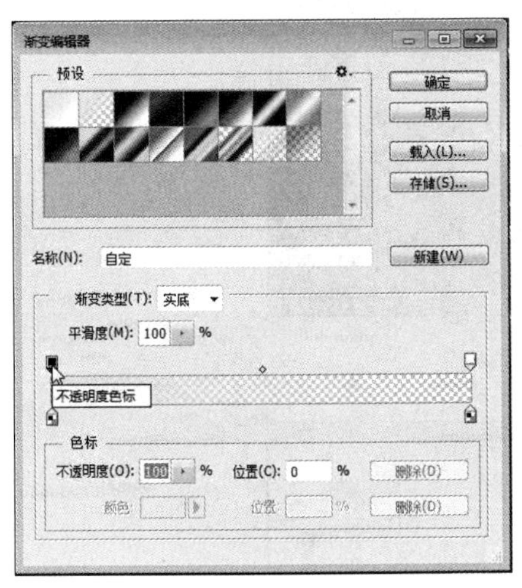

图 2-1-28

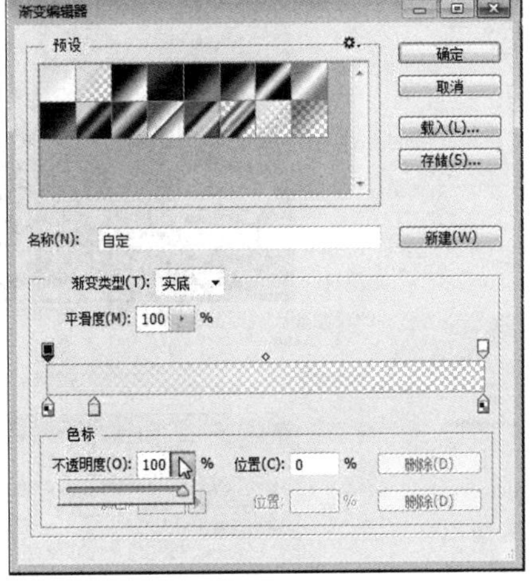

图 2-1-29

在对话框中单击颜色编辑框的上方，出现新的色标，如图 2-1-30 所示，调整“不透明度”选项的数值可以使新色标的颜色向两边的颜色出现过渡式的半透明效果，如图 2-1-31 所示。如果想删除新的色标，则单击对话框下方的“删除”按钮 删除(D) 或按 Delete 键。

图 2-1-30

图 2-1-31

1.1.4 自定义图案

在图像上绘制出要定义为图案的选区，如图 2-1-32 所示。选择“编辑”→“定义图案”命令，弹出“图案名称”对话框，如图 2-1-33 所示，单击“确定”按钮，图案定义完成。删除选区中的图像，取消选区。

图 2-1-32

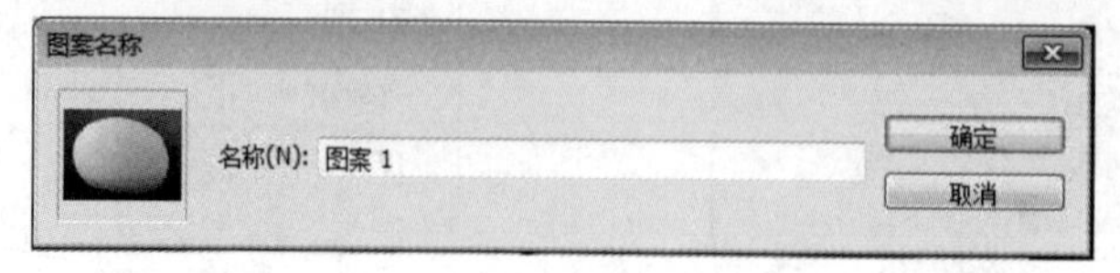

图 2-1-33

选择“编辑”→“填充”命令，弹出“填充”对话框。在“自定图案”下拉列表框中选择新定义的图案，如图 2-1-34 所示，单击“确定”按钮，图案填充的效果如图 2-1-35 所示。

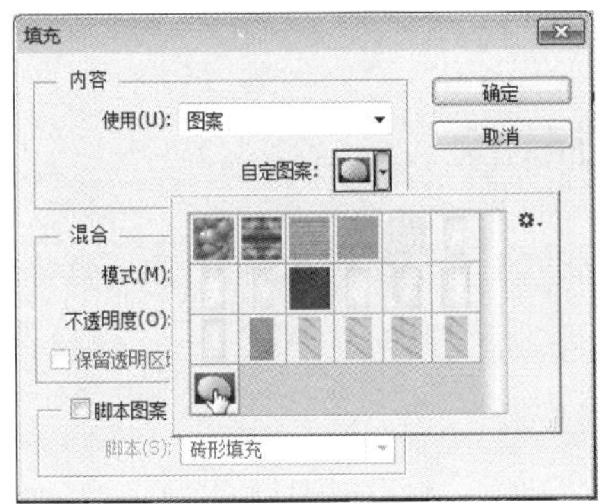

图 2-1-34

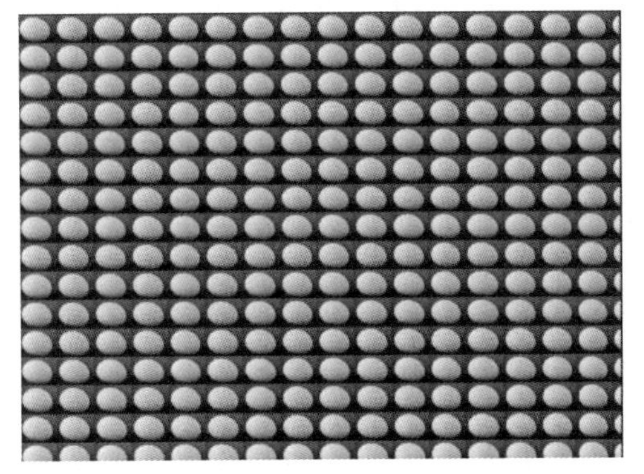

图 2-1-35

1.1.5　描边命令

使用“描边“命令可以将选定区域（如图 2-1-36 所示）的边缘用前景色描绘出来。选择“编辑”→“描边”命令，弹出“描边”对话框，如图 2-1-37 所示进行设置后单击“确定”按钮，按 Ctrl+D 组合键取消选区，效果如图 2-1-38 所示。

图 2-1-36

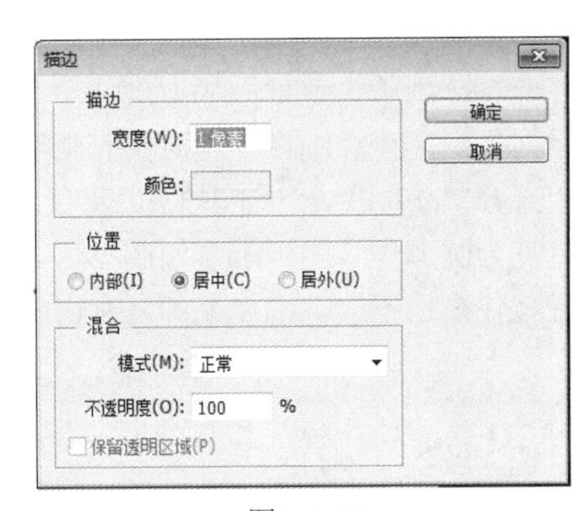

图 2-1-37

图 2-1-38

描边：用于设定边线的宽度和颜色。

位置：用于设定所描边线相对于区域边缘的位置，有内部、居中、居外 3 个选项。

混合：用于设置描边模式和不透明度。

知识 1.2 修饰图像

通过仿制图章工具、修复画笔工具、污点修复画笔工具、修补工具和红眼工具等可以快速有效地修复有缺陷的图像。

1.2.1 仿制图章工具

仿制图章工具可以指定的像素点为复制基准点将其周围的图像复制到其他地方。选择“仿制图章”工具或反复按 Shift+S 组合键，属性栏如图 2-1-39 所示。

图 2-1-39

画笔预设：用于选择画笔。

模式：用于选择混合模式。

不透明度：用于设定不透明度。

流量：用于设定扩散的速度。

对齐：用于控制在复制时是否使用对齐功能。

选择“仿制图章”工具，将鼠标指针放在图像中需要复制的位置，按住 Alt 键，鼠标指针变为圆形十字图标，如图 2-1-40 所示，单击选定取样点，松开鼠标，在合适的位置单击并按住鼠标不放，拖曳鼠标复制出取样点的图像，效果如图 2-1-41 所示。

图 2-1-40

图 2-1-41

1.2.2 修复画笔工具和污点修复画笔工具

使用修复画笔工具进行修复可以使修复的效果自然逼真，使用污点修复画笔工具可以快速去除图像中的污点和不理想的部分。

1. 修复画笔工具

选择“修复画笔”工具或反复按 Shift+J 组合键，属性栏如图 2-1-42 所示。

图 2-1-42

画笔：可以选择修复画笔工具的大小。单击“画笔”选项右侧的按钮，在弹出的“画笔”面板中可以设置画笔的大小、硬度、间距、角度、圆度和压力大小，如图 2-1-43 所示。

图 2-1-43

模式：在下拉列表中可以选择复制像素或填充图案与底图的混合模式。

源：选择“取样”选项后按住 Alt 键，鼠标指针变为圆形十字图标，单击定下样本的取样点，松开鼠标，在图像中要修复的位置单击并按住鼠标不放，拖曳鼠标复制出取样点的图像；选择“图案”选项后在“图案”面板中选择预设图案或自定义图案来填充图像。

对齐：勾选此复选项，下一次的复制位置会和上次的完全重合，图像不会因为重新复制而出现错位。

“修复画笔”工具可以将取样点的像素信息非常自然地复制到图像的破损位置，并保留图像的亮度、饱和度、纹理等属性。使用“修复画笔”工具修复照片的过程如图 2-1-44 至图 2-1-46 所示。

图 2-1-44

图 2-1-45

图 2-1-46

2. 污点修复画笔工具

污点修复画笔工具的工作方式与修复画笔工具相似，都是使用图像中的样本像素进行绘画，并将样本像素的纹理、光照、透明度和阴影与所要修复的像素相匹配。污点修复画笔工具不需要设定样本点，它会自动从所修复区域的周围取样。

选择“污点修复画笔”工具或反复按 Shift+J 组合键，属性栏如图 2-1-47 所示。原始图像如图 2-1-48 所示。选择“污点修复画笔”工具，在其属性栏中将画笔设置为 35 像素。在要修复的污点图像上拖曳鼠标，如图 2-1-49 所示。松开鼠标，污点被去除，效果如图 2-1-50 所示。

图 2-1-47

图 2-1-48

图 2-1-49

图 2-1-50

1.2.3 修补工具

使用修补工具可以用图像中的其他区域来修补当前选中的需要修补的区域，也可以使用图案来进行修补。选择“修补”工具或反复按 Shift+J 组合键，属性栏如图 2-1-51 所示。

图 2-1-51

新选区：去除旧选区，绘制新选区。

添加到选区：在原有选区的上面再增加新的选区。

从选区减去：在原有选区上减去新选区的部分。

与选区交叉：选择新旧选区重叠的部分。

用“修补”工具圈选图像中的黑点，如图 2-1-52 所示。选择属性栏中的“源”选项，在选区中单击并按住鼠标不放，移动鼠标将选区中的图像拖曳到需要的位置，如图 2-1-53 所示。松开鼠标，选区中的黑点被新选取的图像所修补，效果如图 2-1-54 所示。按 Ctrl+D 组合键取消选区，修补效果如图 2-1-55 所示。

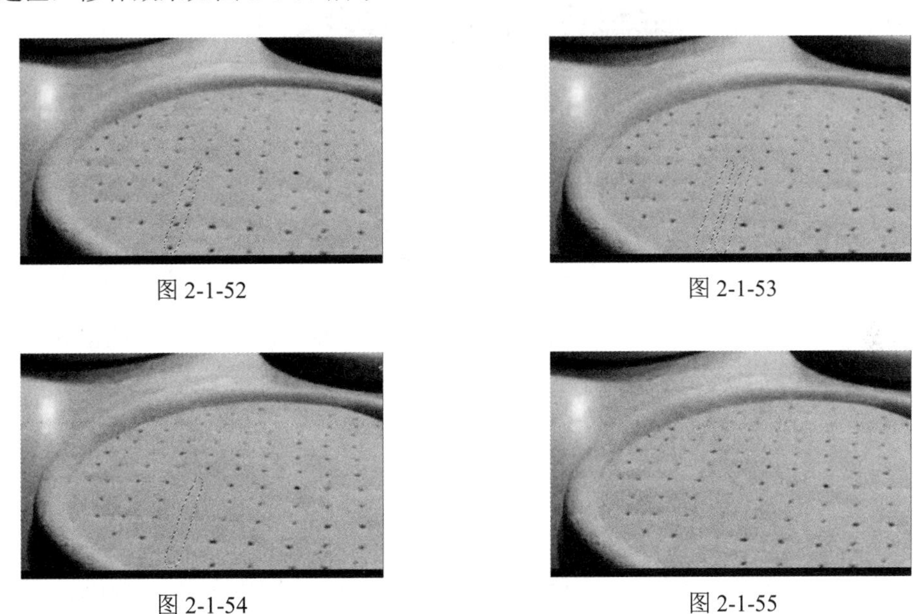

图 2-1-52　图 2-1-53

图 2-1-54　图 2-1-55

选择属性栏中的“目标”选项，用“修补”工具圈选图像中的区域，如图 2-1-56 所示。再将选区拖曳到要修补的图像区域，如图 2-1-57 所示，第一次选中的图像修补了的位置，如图 2-1-58 所示。按 Ctrl+D 组合键取消选区，修补效果如图 2-1-59 所示。

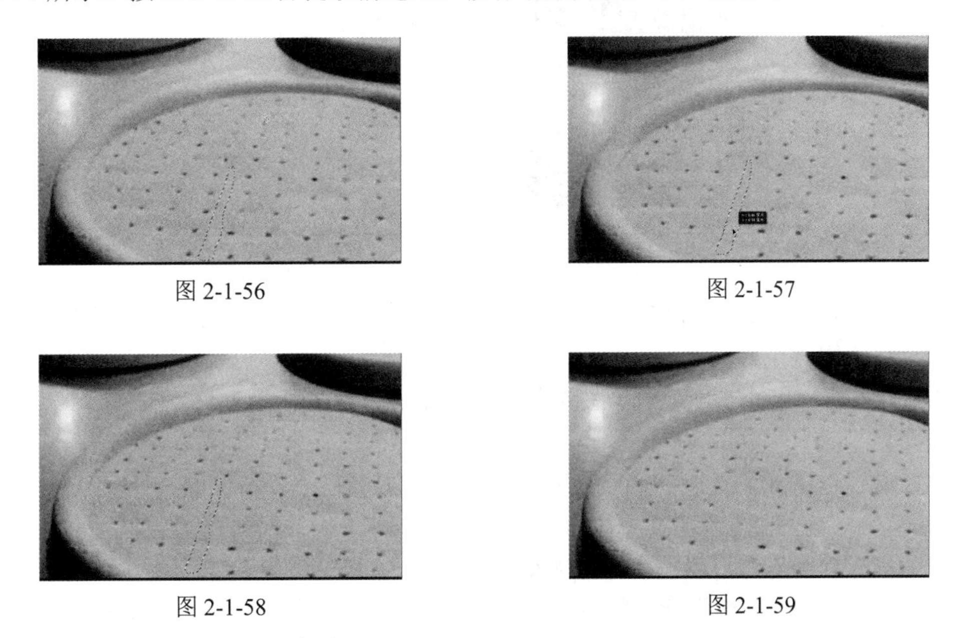

图 2-1-56　图 2-1-57

图 2-1-58　图 2-1-59

1.2.4 红眼工具

使用红眼工具可以去除拍照时因闪光灯原因造成的人物照片中的红眼，也可以去除因同样原因造成的照片中的白色或绿色反光。选择“红眼”工具或反复按 Shift+J 组合键，属性栏状态如图 2-1-60 所示。

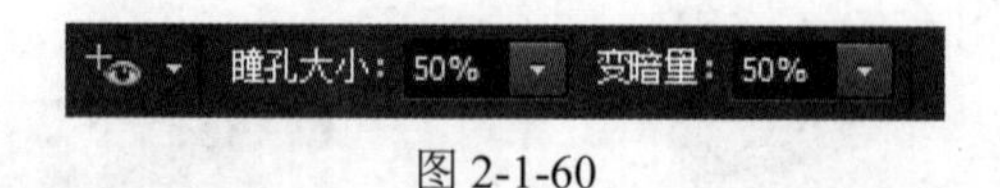

图 2-1-60

瞳孔大小：用于设置瞳孔的大小。

变暗量：用于设置瞳孔的暗度。

知识 1.3 编辑图像

Photoshop CC 提供了调整图像尺寸，移动、复制、删除、裁剪、变换图像等图像基本编辑方法，可以快速对图像进行适当的编辑和调整。

1.3.1 图像和画布尺寸的调整

根据制作过程中不同的需求可以随时调整图像和画布的尺寸。

1. 图像尺寸的调整

打开一幅图像，选择“图像”→“图像大小”命令，弹出“图像大小”对话框，如图 2-1-61 所示。

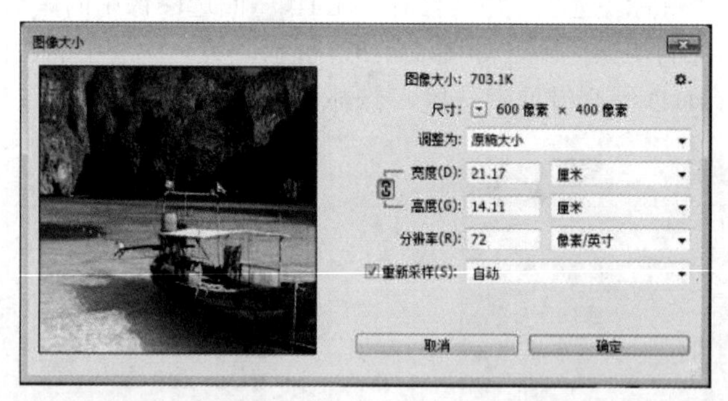

图 2-1-61

图像大小：通过改变“宽度”“高度”和“分辨率”选项的数值可以改变图像的文档大小，图像的尺寸也相应改变。

缩放样式：勾选此选项后，若在图像操作中添加了图层样式，可以在调整图像大小时自动缩放样式大小。

尺寸：显示沿图像的宽度和高度的总像素数。单击“尺寸“右侧的按钮可以改变计量单位。

调整为：可以选取预设以调整图像大小。

约束比例：选中“宽度”和“高度”选项左侧的锁链标志，表示改变其中一项设置时第二项会成比例地同时改变。

分辨率：是指位图图像中的细节精细度，计量单位是像素/英寸，每英寸的像素越多，分辨率越高。

重新采样：不勾选此复选项，尺寸的数值将不会改变，“宽度”“高度”和“分辨率”选项右侧将出现锁链标志，改变数值时三项会同时改变，如图 2-1-62 所示。

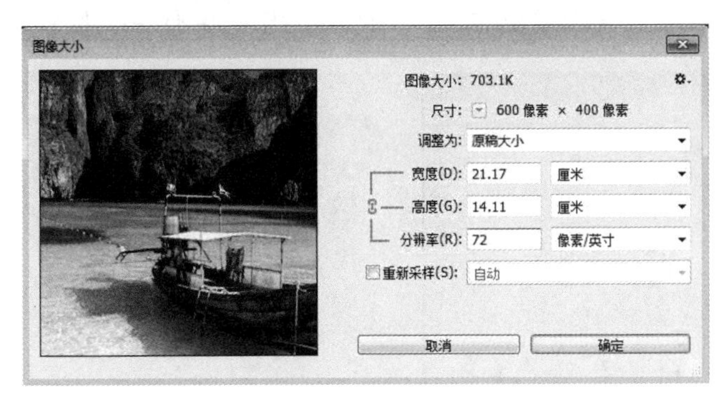

图 2-1-62

在“图像大小”对话框中可以改变选项数值的计量单位，在选项右侧的下拉列表框中进行选择，如图 2-1-63 所示。单击“调整为”选项右侧的按钮，在下拉列表中选择“自动分辨率”选项，弹出“自动分辨率”对话框，系统将自动调整图像的分辨率和品质效果，如图 2-1-64 所示。

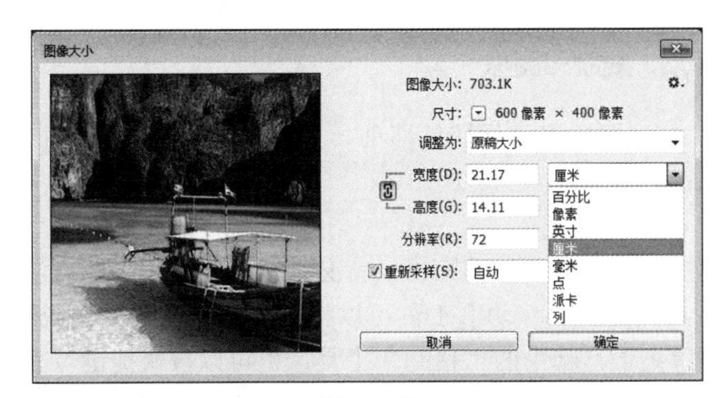

图 2-1-63

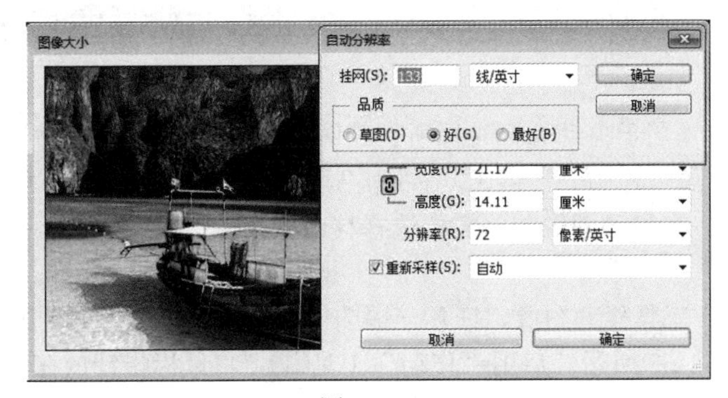

图 2-1-64

2. 画布尺寸的调整

图像画布尺寸的大小是指当前图像周围的工作空间的大小。选择“图像”→“画布大小”命令，弹出“画布大小”对话框，如图 2-1-65 所示。

当前大小：显示的是当前文件的大小和尺寸。

新建大小：用于重新设定图像画布的大小。

定位：调整图像在新画布中的位置，可偏左、居中、偏右等，如图 2-1-66 所示。

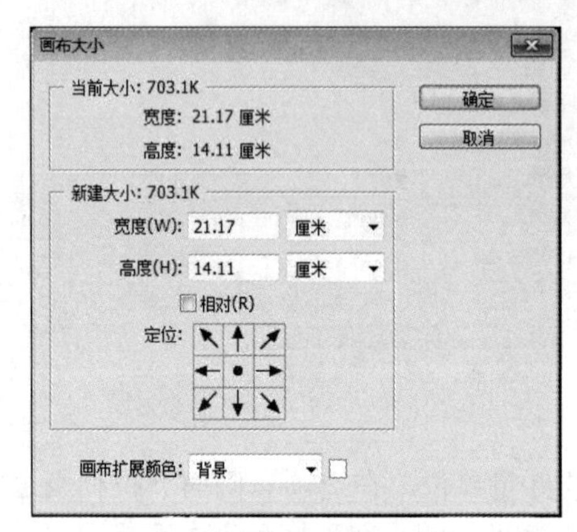

图 2-1-65

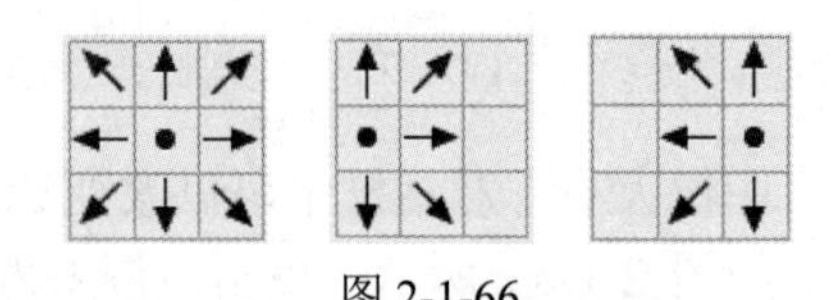

图 2-1-66

画布扩展颜色：在此选项的下拉列表中可以选择填充图像周围扩展部分的颜色，可以选择前景色、背景色或 Photoshop CC 中的默认颜色，也可以自己调整所需颜色。

1.3.2 图像的移动、复制和删除

在 Photoshop CC 中，可以非常便捷地移动、复制和删除图像，下面来具体讲解图像的移动、复制和删除方法。

1. 图像的移动

要想在操作过程中随时按需要移动图像，就必须掌握移动图像的方法。

（1）“移动”工具。使用“移动”工具可以将图层中的整幅图像或选定区域中的图像移动到指定位置。可以单击工具箱中的“移动”工具，也可以按快捷键 V。

启用“移动”工具，属性栏如图 2-1-67 所示。

图 2-1-67

“自动选择”选项用于自动选择光标所在的图像层，“显示变换控件”选项用于对选取的图层进行各种变换。属性栏中还提供了几种图层排列和分布方式的按钮。

（2）移动图像。在移动图像前，需要选择移动的图像区域，如果不选择图像区域，将移动整个图像。

1）使用“移动”工具移动图像。打开一幅图像，使用“矩形选框”工具绘制出要移动的图像区域，如图 2-1-68 所示。启用“移动”工具，将鼠标指针放在选区中，鼠标指针变为图标，如图 2-1-69 所示。单击并按住鼠标左键，拖曳鼠标到适当的位置，选区内的图像

被移动，原来的选区位置被背最色填充，如图 2-1-70 所示。按 Ctrl+D 组合键取消选区，移动完成。

图 2-1-68

图 2-1-69

图 2-1-70

2）使用菜单命令移动图像。打开一幅图像，使用“矩形选框”工具绘制出要移动的图像区域，如图 2-1-71 所示。选择“编辑”→“剪切”命令或按 Ctrl+X 组合键，选区被背景色填充，如图 2-1-72 所示。选择“编辑”→“粘贴”命令或按 Ctrl+V 组合键，将选区内的图像粘贴在图像的新图层中，使用“移动”工具可以移动新图层中的图像，如图 2-1-73 所示。

图 2-1-71

图 2-1-72

3）使用快捷键移动图像。打开一幅图像，使用“矩形选框”工具绘制出要移动的图像区域，如图 2-1-74 所示。启用“移动”工具，按 Ctrl+方向组合键，可以将选区内的图像沿移动方向移动 1px，如图 2-1-75 所示；按 Shift+方向组合键，可以将选区内的图像沿移动方向移动 10px，效果如图 2-1-76 所示。

图 2-1-73

图 2-1-74

图 2-1-75

图 2-1-76

2. 图像的复制

要想在操作过程中随时按需要复制图像，就必须掌握复制图像的方法。在复制图像前，需要选择要复制的图像区域，如果不选择图像区域，将不能复制图像。

（1）使用“移动”工具复制图像。打开一幅图像，使用“矩形选框”工具绘制出要复制的图像区域，效果如图 2-1-77 所示。启用“移动”工具，将鼠标指针放在选区中，鼠标指针变为图标，效果如图 2-1-78 所示。按住 Alt 键，鼠标指针单击并按住鼠标左键，拖曳选区内的图像到适当的位置，松开鼠标左键和 Alt 键，图像复制完成。按 Ctrl+D 组合键取消选区，效果如图 2-1-79 所示。

图 2-1-77

图 2-1-78

（2）使用菜单命令复制图像。打开一幅图像，使用“矩形选框”工具绘制出要复制的图像区域，如图 2-1-80 所示。选择“编辑”→“拷贝”命令或按 Ctrl+C 组合键将选区内的图像复制，这时屏幕上的图像并没有变化，但系统已将复制的图像粘贴到剪贴板中了。

图 2-1-79

图 2-1-80

选择“编辑”→“粘贴”命令或按 Ctrl+V 组合键将选区内的图像粘贴在生成的新图层中，这样复制的图像就在原图的上面一层了，使用“移动”工具移动复制的图像，如图 2-1-81 所示。

图 2-1-81

3. 图像的删除

要想在操作过程中随时按需要删除图像，就必须掌握删除图像的方法。在删除图像前，需要选择要删除的图像区域，如果不选择图像区域，将不能删除图像。

打开一幅图像，使用“矩形选框”工具绘制出要删除的图像区域，如图 2-1-82 所示，选择“编辑”→“清除”命令将选区内的图像删除。按 Ctrl+D 组合键取消选区，效果如图 2-1-83 所示。

图 2-1-82

图 2-1-83

1.3.3 图像的裁剪

1. 图像的裁剪

在实际的设计制作工作中，经常有一些图片的构图和比例不符合设计要求，这就需要对这些图片进行裁剪。

（1）“裁剪”工具。使用“裁剪”工具可以在图像或图层中裁剪所选定的区域。图像区域选定后，在选区边缘将出现 8 个控制手柄，用于改变选区的大小，还可以用鼠标旋转选区。可以单击工具箱中的“裁剪”工具，也可以按 C 键。

启用“裁剪”工具，属性栏如图 2-1-84 所示。

图 2-1-84

单击按钮，弹出下拉列表，如图 2-1-85 所示。

“不受约束”选项用于自由调整裁剪框的大小；“原始比例”选项用于保持图像原始的长宽比例以调整裁剪框；“预设长宽比”选项是 Photoshop CC 提供的预设长宽比，如果要自定义长宽比则可在选项右侧的文本框中定义长度和宽度；“大小和分辨率”选项用于设置图像的宽度、高度和分辨率，这样可按照设置的尺寸裁剪图像；“存储/删除预设”选项用于将当前创建的长宽比保存或删除。

单击“裁剪”工具属性栏中的“设置其他裁剪选项”按钮，弹出下拉列表，如图 2-1-86 所示。“使用经典模式”选项可以使用 Photoshop CC 以前版本的“裁剪”工具模式来编辑。“启用裁剪屏蔽”选项用于设置裁剪框外的区域颜色和不透明度。

“删除裁剪的像素”选项用于删除被裁剪的图像。

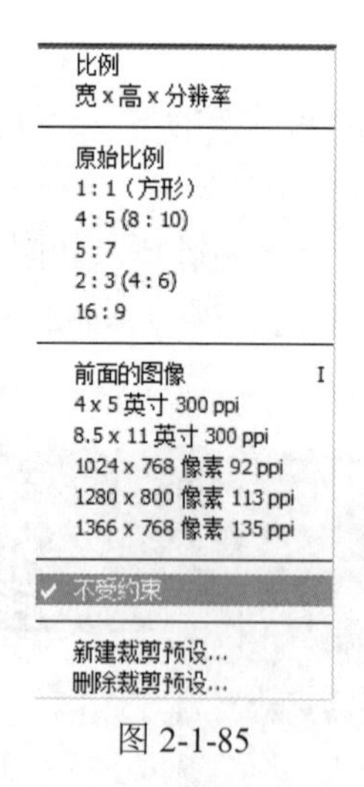

图 2-1-85

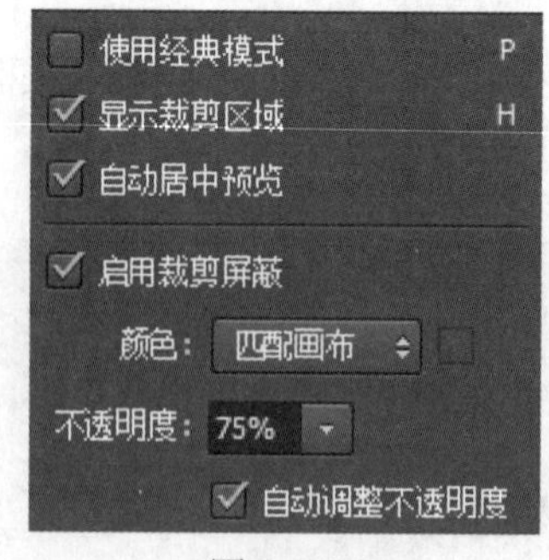

图 2-1-86

（2）裁剪图像。

1）使用“裁剪”工具裁剪图像。启用“裁剪”工具，在图像中单击并按住鼠标左键，拖曳鼠标到适当的位置，松开鼠标，绘制出矩形裁剪框，如图 2-1-87 所示。在矩形裁剪框内双击或按 Enter 键均可完成图像的裁剪，效果如图 2-1-88 所示。

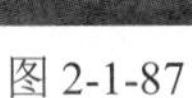

图 2-1-87

图 2-1-88

将鼠标指针放在裁剪框的边界上，单击并拖曳鼠标可以调整裁剪框的大小，如图 2-1-89 所示。拖曳裁剪框上的控制点也可以缩放裁剪框。按住 Shift 键并拖曳可以等比例缩放，如图 2-1-90 所示。将鼠标指针放在裁剪框外，单击并拖曳鼠标可旋转裁剪框，如图 2-1-91 所示。将鼠标指针放在裁剪框内，单击并拖动鼠标可以移动裁剪框，如图 2-1-92 所示。

图 2-1-89

图 2-1-90

图 2-1-91

图 2-1-92

2）使用菜单命令裁剪图像。选择“矩形选框”工具，在图像中绘制出要裁剪的图像区域，如图 2-1-93 所示。选择“图像”→“裁剪”命令，如图 2-1-94 所示，可按选区进行图像的裁剪，按 Ctl+D 组合键取消选区，效果如图 2-1-95 所示。

图 2-1-93

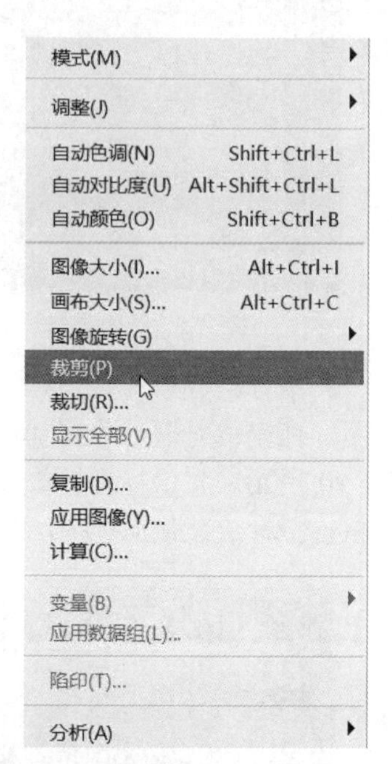

图 2-1-94

图 2-1-95

（3）“透视裁剪”工具。在拍摄高大的建筑时，由于视角较低，竖直的线条会向消失点集中，从而产生透视畸变。Photoshop CC 的“透视裁剪”工具能够较好地解决这个问题。

可以右击工具箱中的“裁剪”工具并选择或者按 Shift+C 组合键启用“透视裁剪”工具，属性栏如图 2-1-96 所示。W/H 选项用于设置图像的宽度和高度，单击“高度和宽度互换”按钮可以互换高度和宽度数值。“分辨率”选项用于设置图像的分辨率。“前面的图像”按钮用于在宽度、高度和分辨率文本框中显示当前文档的尺寸和分辨率。如果同时打开两个文档，则会显示另外一个文档的尺寸和分辨率。“清除”按钮用于清除宽度、高度和分辨率文本框中的数值。勾选“显示网格”复选项可以显示网格线，取消勾选则隐藏网格线。

图 2-1-96

（4）透视裁剪图像。打开一幅图像，如图 2-1-97 所示。选择“透视裁剪”工具，在图像窗口中单击并拖曳鼠标绘制矩形裁剪框，如图 2-1-98 所示。将鼠标指针放置在裁剪框左上角的控制点上，向右侧拖曳控制点，将右上角的控制点向左拖曳，这样使顶部的两个边角和图像的边缘保持平行，用相同的方法调整其他控制点，如图 2-1-99 所示。单击“透视裁剪”工具属性栏中的按钮或按 Enter 键即可裁剪图像，效果如图 2-1-100 所示。

图 2-1-97

图 2-1-98

图 2-1-99

图 2-1-100

1.3.4　选区中图像的变换

在操作过程中，可以根据设计和制作的需要变换已经绘制好的选区。在图像中绘制好选区，选择“编辑”→“自由变换”或“变换”命令可以对图像的选区进行各种变换，“变换”命令的级联菜单如图 2-1-101 所示。

（1）使用菜单命令变换图像的选区。

打开一幅图像，使用“矩形选框”工具绘制出选区，如图 2-1-102 所示。选择“编辑”→“变换”→“缩放”命令，拖曳变换框的控制手柄可以对图像选区进行自由的缩放，如图 2-1-103 所示。

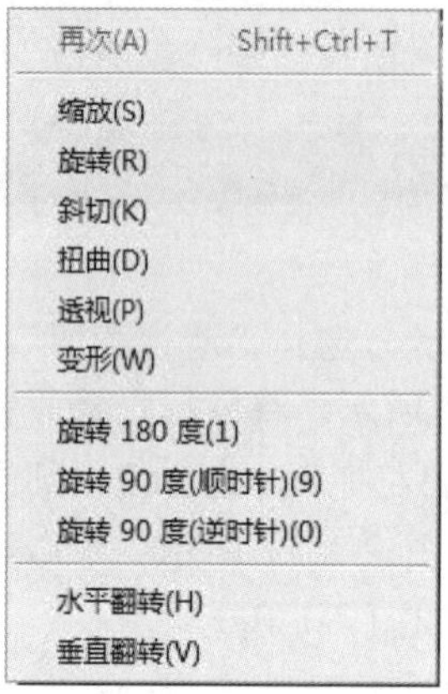

再次(A) Shift+Ctrl+T

缩放(S)
旋转(R)
斜切(K)
扭曲(D)
透视(P)
变形(W)

旋转 180 度(1)
旋转 90 度(顺时针)(9)
旋转 90 度(逆时针)(0)

水平翻转(H)
垂直翻转(V)

图 2-1-101

图 2-1-102

选择“编辑”→“变换”→“旋转”命令拖曳变换框可以对图像选区进行自由的旋转，如图 2-1-104 所示。

图 2-1-103

图 2-1-104

选择“编辑”→“变换”→“斜切”命令，拖曳变换框的控制手柄可以对图像选区进行斜切调整，如图 2-1-105 所示。

选择“编辑”→“变换”→“扭曲”命令，拖曳变换框的控制手柄可以对图像选区进行扭曲调整，如图 2-1-106 所示。

选择“编辑”→“变换”→“透视”命令，拖曳变换框的控制手柄可以对图像选区进行透视调整，如图 2-1-107 所示。

选择“编辑”→“变换”→“变形”命令，拖曳变换框的控制手柄可以对图像选区进行变形调整，如图 2-1-108 所示。

图 2-1-105

图 2-1-106

图 2-1-107

图 2-1-108

选择“编辑”→“变换”→“缩放”命令，再选择旋转 180 度、旋转 90 度（顺时针）、旋转 90 度（逆时针）命令，可以直接对图像选区进行角度的调整，如图 2-1-109 所示。

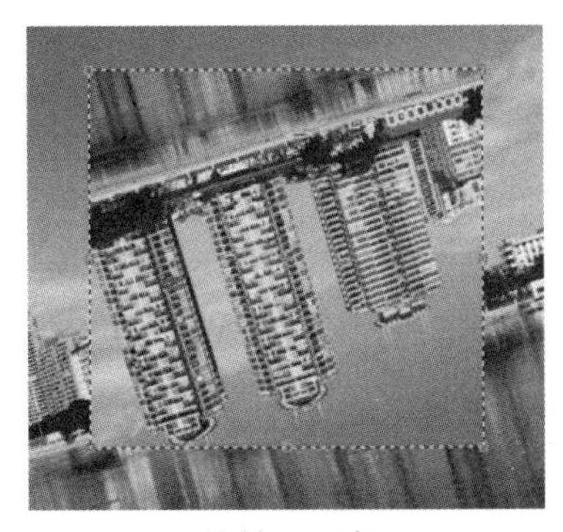

旋转 180 度

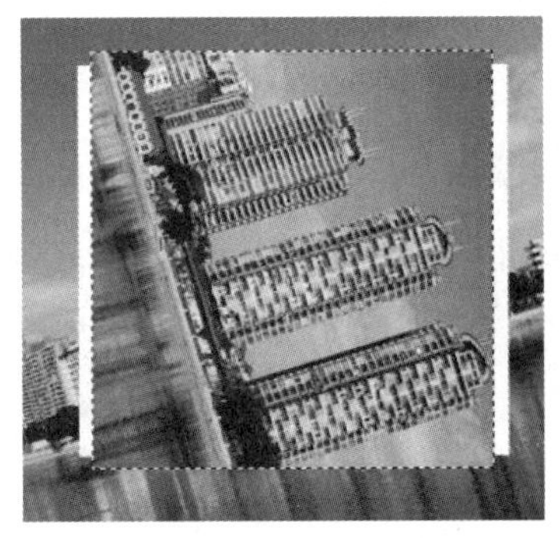

旋转 90 度（顺时针）

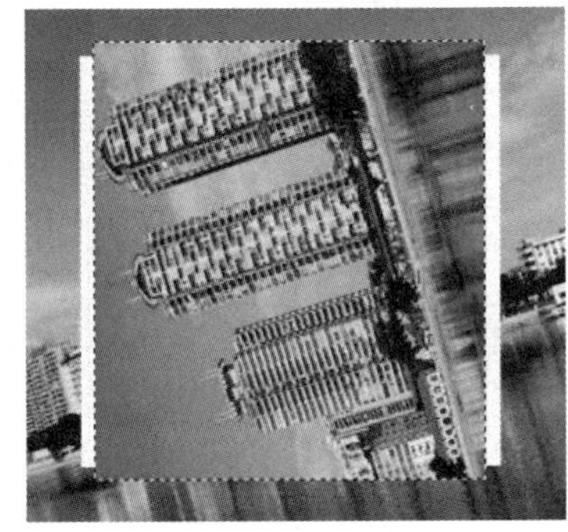

旋转 90（逆时针）

图 2-1-109

选择“编辑”→“变换”→“缩放”命令，再选择“水平翻转”或“垂直翻转”命令，可以直接对图像选区进行翻转的调整，如图 2-1-110 和图 2-1-111 所示。

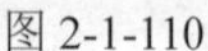
图 2-1-110

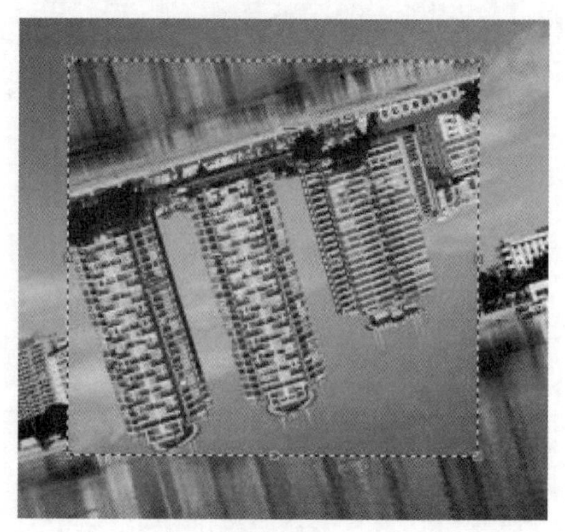

图 2-1-111

（2）使用快捷键变换图像的选区。

打开一幅图像，使用“矩形选框”工具绘制出选区。按 Ctrl+T 组合键，出现变换框，拖曳变换框的控制手柄可以对图像选区进行自由的缩放。按住 Shift 键，拖曳变换框的控制手柄可以等比例缩放图像。

打开一幅图像，使用“矩形选框”工具绘制出选区。按 Ctrl+T 组合键，将鼠标指针放在变换框的控制手柄外边，鼠标指针变为旋转图标，拖曳鼠标可以旋转图像，效果如图 2-1-112 所示。

用鼠标拖曳旋转中心可以将其放到其他位置。旋转中心的调整会改变旋转图像的效果，如图 2-1-113 所示。

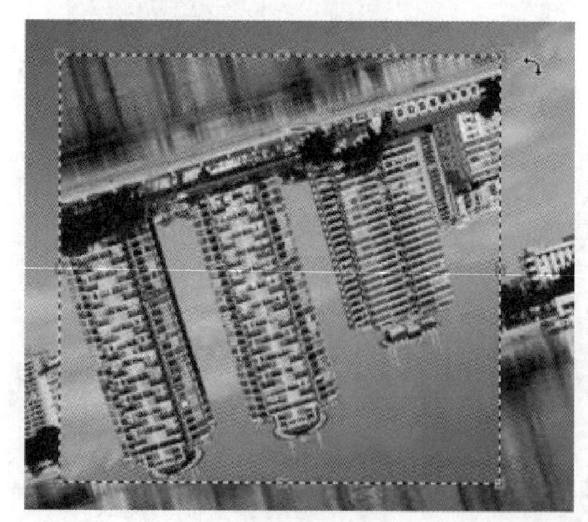

图 2-1-112

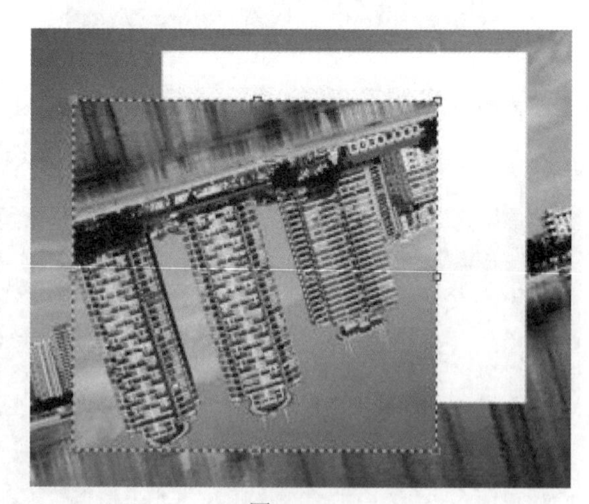

图 2-1-113

按住 Ctrl 键的同时分别拖曳变换框的 4 个控制手柄，可以使图像任意变形，效果如图 2-1-114 所示。

按住 Alt 键的同时分别拖曳变换框的 4 个控制手柄，可以使图像对称变形，效果如图 2-1-115 所示。

图 2-1-114

图 2-1-115

按住 Shift+Ctrl 组合键的同时拖曳变换框的中间控制手柄，可以使图像斜切变形，效果如图 2-1-116 所示。

按住 Alt+Shift+Ctrl 组合键的同时拖曳变换框的 4 个控制手柄，可以使图像透视变形，效果如图 2-1-117 所示。

图 2-1-116

图 2-1-117

【任务挑战】

任务 1　绘制建筑海报

任务目标： 使用渐变工具绘制建筑海报的彩虹效果，使用画笔制作建筑海报的背景效果。

知识要点： 使用渐变工具制作彩虹效果，使用橡皮擦工具和不透明度命令对彩虹进行渐变处理，使用图层混合模式命令改变彩虹的颜色。建筑海报效果如图 2-1-118 所示。

图 2-1-118

实施步骤：

（1）按 Ctrl+O 组合键打开素材 01 文件，如图 2-1-119 所示。新建图层并命名为“彩虹背景”。选择“渐变”工具，在属性栏中单击“渐变”图标右侧的按钮，在弹出的面板中选中“圆形彩虹”渐变，如图 2-1-120 所示，在属性栏中将渐变方式选择为“径向渐变”，将“模式”选项设为“正常”，“不透明度”选项设为 100%，在图像窗口中由中心向下拖曳渐变色，效果如图 2-1-121 所示。

图 2-1-119

图 2-1-120

图 2-1-121

（2）按 Ctrl+T 组合键，图形周围出现控制手柄，适当调整控制手柄将图形变形，按 Enter 键确认操作，如图 2-1-122 所示。选择“橡皮擦”工具，在属性栏中单击“画笔”选项右侧的按钮，在弹出的画笔面板中选择需要的画笔形状，在“大小”栏中用“[”键和“]”键调整画笔的大小，“硬度”选项设为 0%，如图 2-1-123 所示。在图像窗口中拖曳鼠标擦除不需要的图像，效果如图 2-1-124 所示。

图 2-1-122

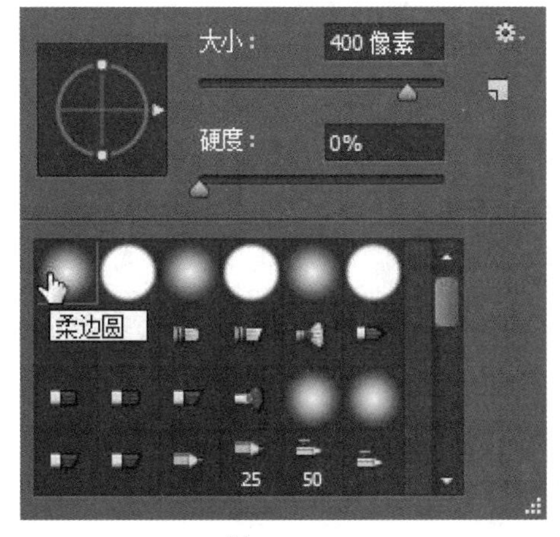

图 2-1-123

图 2-1-124

（3）在属性栏中将“不透明度”选项设为46%，在渐变图形的左侧进行涂抹，效果如图2-1-125 所示。在“图层”控制面板上方，将“彩虹”图层的“混合模式”选项设为“正片叠底”，“不透明度”选项设为60%，如图2-1-126 所示，效果如图2-1-127 所示。

图 2-1-125

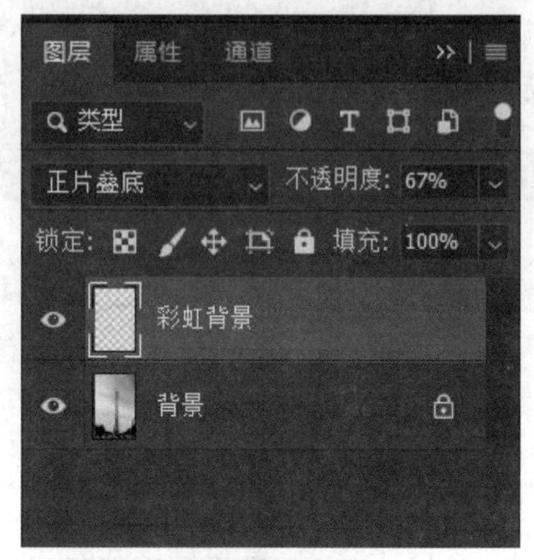

图 2-1-126

图 2-1-127

（4）新建图层并命名为“底色”。将前景色设为浅蓝色（R:114 G:129 B:206），按 Alt+Delete 组合键用前景色填充图层。在图层控制面板上方，将“底色”图层的“混合模式”选项设为“正片叠底”，“不透明度”选项设为30%，如图2-1-128 所示，图像窗口中的效果如图2-1-129 所示。

（5）单击图层控制面板下方的“添加图层蒙版”按钮为“装饰”图层添加蒙版，将前景色设置为黑色，选择“画笔”工具，在属性栏中单击“画笔”选项右侧的按钮，在弹出的面板中选择需要的画笔形状，将“大小”选项设为175 像素，如图2-1-130 所示，用“画笔”将建筑物的主体部分擦拭出来，效果如图2-1-131 所示。

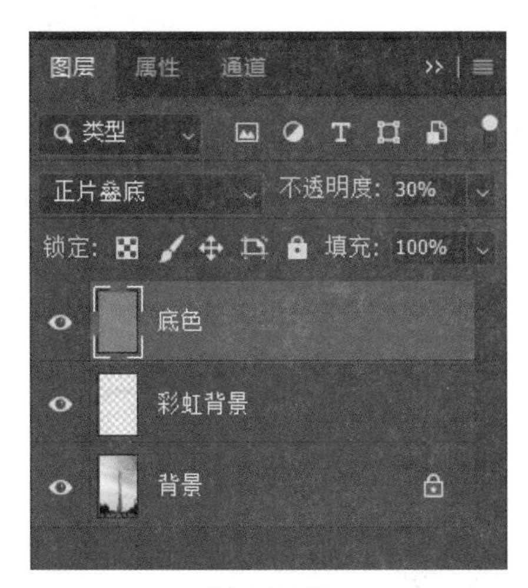

图 2-1-128

图 2-1-129

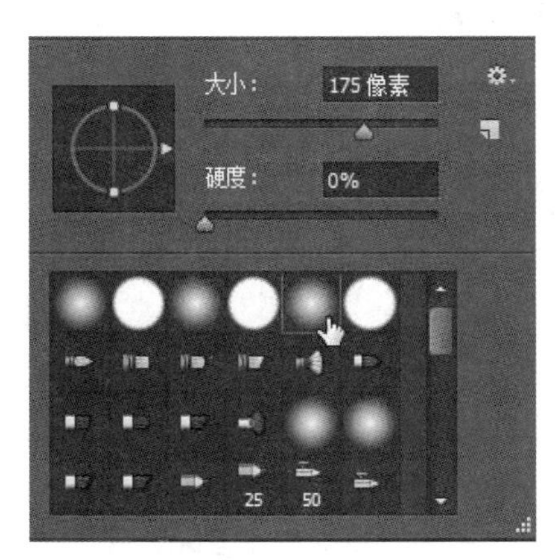

图 2-1-130

图 2-1-131

（6）新建图层并命名为“特效”。将前景色设为浅白色，按 Alt+Delete 组合键用前景色填充图层。在图层控制面板上方，将“特效”图层的“混合模式”选项设为“溶解”，“不透明度”选项设为 8%，如图 2-1-132 所示，图像窗口中的效果如图 2-1-133 所示。

图 2-1-132

图 2-1-133

（7）单击图层控制面板下方的“添加图层蒙版”按钮为“特效”图层添加蒙版，将前景色设置为黑色，选择“画笔”工具，在属性栏中单击“画笔”选项右侧的按钮，在弹出的面板中选择需要的画笔形状，将“大小”选项设为 175 像素，如图 2-1-134 所示，用“画笔”将建筑物的主体部分擦拭出来，使用曲线（Ctrl+M）调整图层背景图层质感，如图 2-1-135 所示。

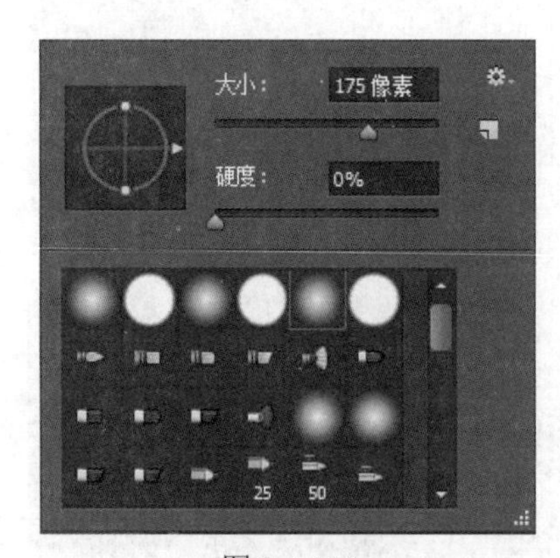

图 2-1-134

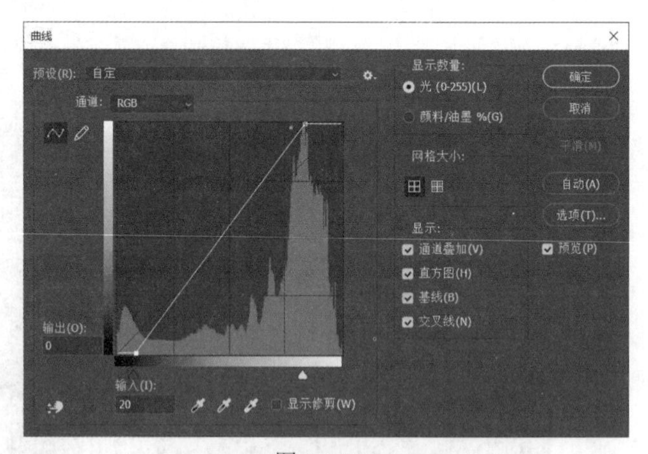

图 2-1-135

（8）将前景色设置为深蓝色（R:78 G:102 B:146），选择竖排文字工具，在属性栏中选择字体并设置相应的字体大小，单击图像左下角输入文字，如图 2-1-136 所示，生成新的“文字”图层。将前景色设置为浅紫色（R:94 G:70 B:116），选择竖排文字工具，在属性栏中选择字体并设置相应的字体大小，单击图像左下角输入文字，生成新的“文字”图层，如图 2-1-137 所示。

图 2-1-136

图 2-1-137

（9）选择 yinxiang 图层，设置图层不透明度为 39%，如图 2-1-138 所示，利用文字工具对文字进行排版，效果如图 2-1-139 所示。

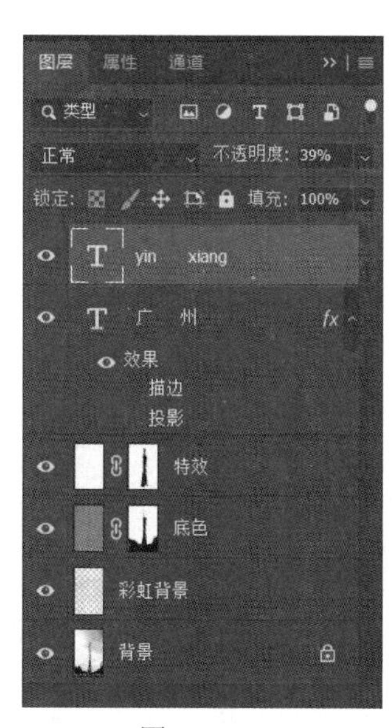

图 2-1-138

图 2-1-139

任务 2　中式建筑特效

任务目标： 使用“定义图案”制作图片背景，使用“图层样式”制作描边效果。

知识要点： 使用“定义图案”制作自定义图案，运用“创建新的填充或调整图层”制作背景，使用图层混合模式命令改变祥云效果。中式建筑特效如图 2-1-140 所示。

图 2-1-140

实施步骤：

（1）按 Ctrl+O 组合键打开素材 01 文件。双击背景图层锁按钮对图层解锁。选择“魔棒”工具，在属性栏中将“容差”设置为 32，选中所有白色背景（如图 2-1-141 所示），按 Delete 键删除选中的白色背景（如图 2-1-142 所示）。

图 2-1-141

图 2-1-142

（2）将前景色设置为红色（R:231 G:14 B:7），按 Alt+Delete 组合键填充红色背景，按 Alt+D 组合键取消选区，效果如图 2-1-143 所示。打开素材 02 文件，将“祥云”素材拖曳到 01 文件中，如图 2-1-144 所示。

图 2-1-143

图 2-1-144

（3）单击眼睛按钮隐藏“图层 0”，如图 2-1-145 所示。选择“矩形选框”工具，将整个“祥云”图案框选，如图 2-1-146 所示。选择“编辑”→“自定义图案”命令，在弹出的对话框中单击“确定”按钮。按 Delete 键删除“祥云”图案，按 Ctrl+D 组合键取消选区。

图 2-1-145

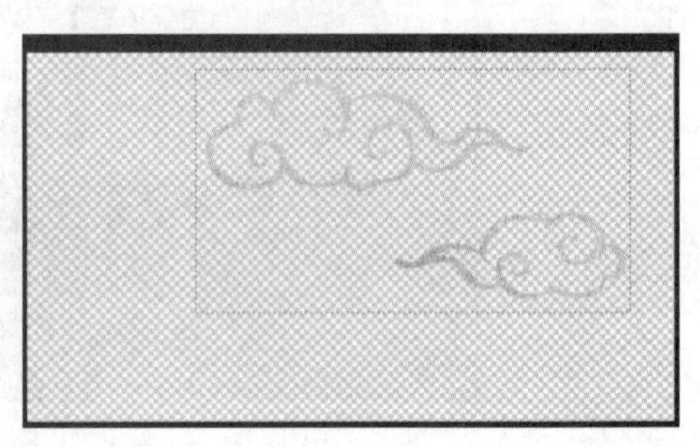

图 2-1-146

（4）单击“创建新的填充或调整图层”按钮，选择“图案填充”选项，将缩放设置为 15%，单击“确定”按钮，如图 2-1-147 所示。在“图层”控制面板上方，将“混合模式”选项设置为“溶解”，“不透明度”选项设置为 25%，效果如图 2-1-148 所示。

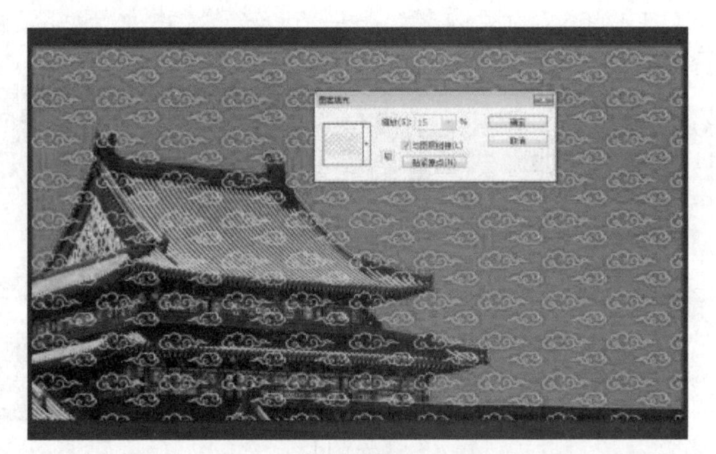

图 2-1-147

图 2-1-148

（5）将前景色设置为黑色，选择画笔工具如图 2-1-149 所示，选中“图层蒙版缩略图”▒，擦除建筑主体上的图案，效果如图 2-1-150 所示。

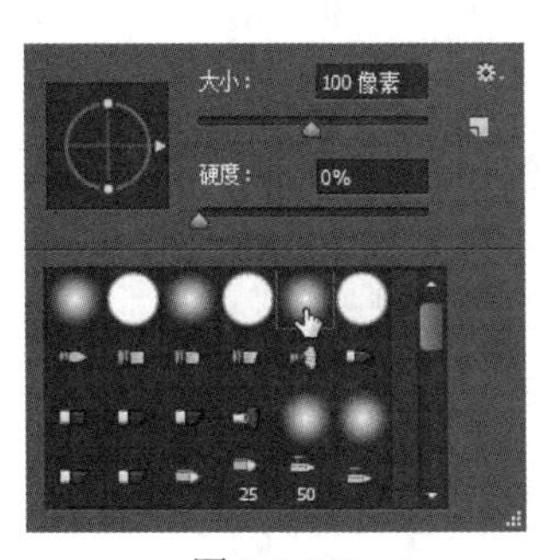

图 2-1-149

图 2-1-150

（6）按 Ctrl+O 组合键打开“文字”素材，将“文字”素材拖曳到当前文件中，将图层重命名为“文字”，按 Ctrl+T 组合键对“文字”图层进行自由变换调整到适当的位置和大小，效果如图 2-1-151 所示。选中文字图层，单击“图层”控制面板下方的“图层样式”按钮fx，选择“描边”选项，描边颜色设置为黄色（R:231 G:186 B:7），如图 2-1-152 所示，效果如图 2-1-153 所示。

图 2-1-151

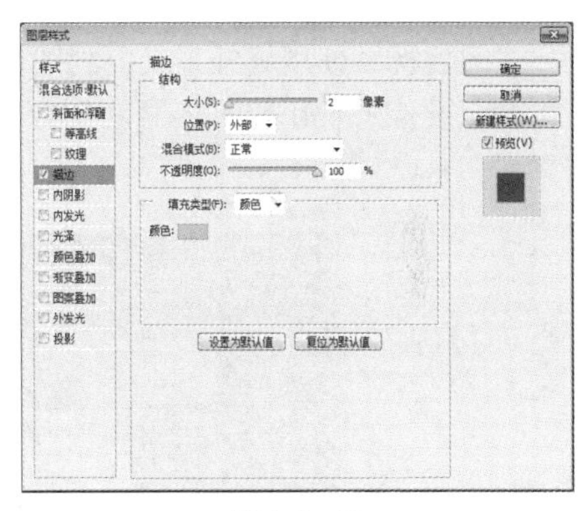

图 2-1-152

图 2-1-153

（7）设置前景色为白色，选择“直排文字”工具![IT]，输入相应文字，设置适当的字体大小，对文字进行排版，如图 2-1-154 所示。

图 2-1-154

任务 3　复制楼盘规划图

学习目标：使用修补工具复制图像。

知识要点：使用修补工具对图像的特定区域进行修补，用修补工具复制楼盘规划图，效果如图 2-1-155 所示。

图 2-1-155

实施步骤：

（1）使用“创建新图层”按钮拷贝图层。

按 Ctrl+O 组合键打开素材 01 文件，如图 2-1-156 所示。将“背景”图层拖曳到“图层”控制面板下方的“创建新图层”按钮上进行复制，生成新的图层“背景 拷贝”，如图 2-1-157 所示。

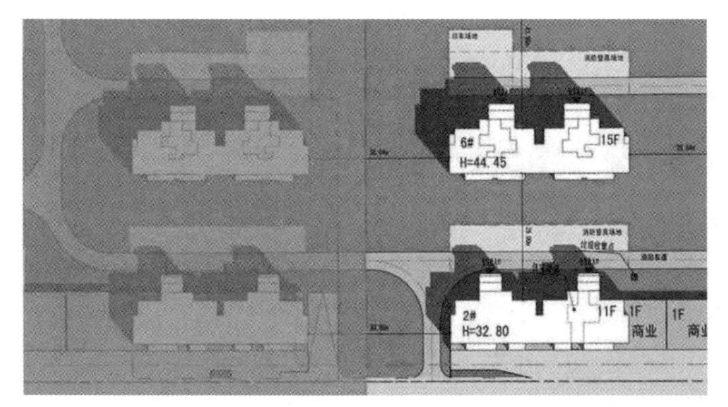

图 2-1-156

图 2-1-157

（2）使用修补工具对图像进行复制。

选择“修补”工具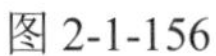，将图像中需要复制的区域绘制一个选区，如图 2-1-158 所示，在选区中单击并按住鼠标左键不放，移动鼠标将选区拖曳到需要的位置，如图 2-1-159 所示，松开鼠标，选区中需要修复的位置被新放置的选区中的图像所修补，按 Ctrl+D 组合键取消选区，效果如图 2-1-160 所示。

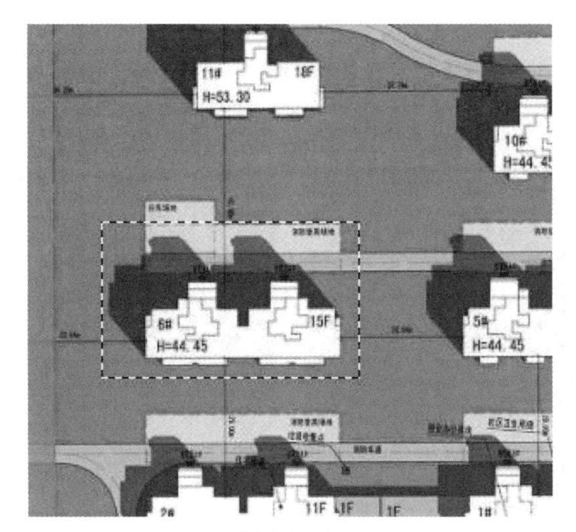

图 2-1-158

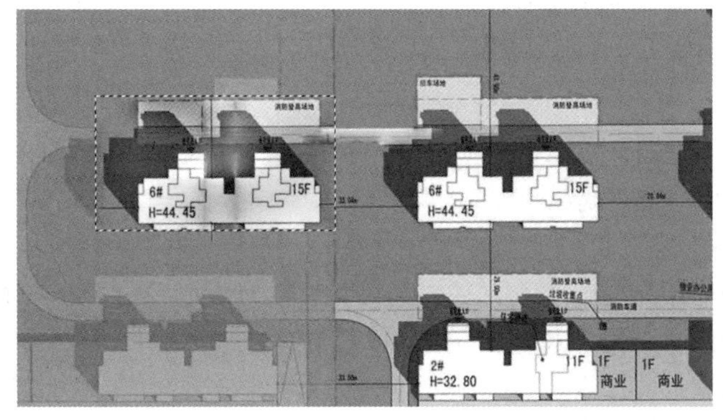

图 2-1-159

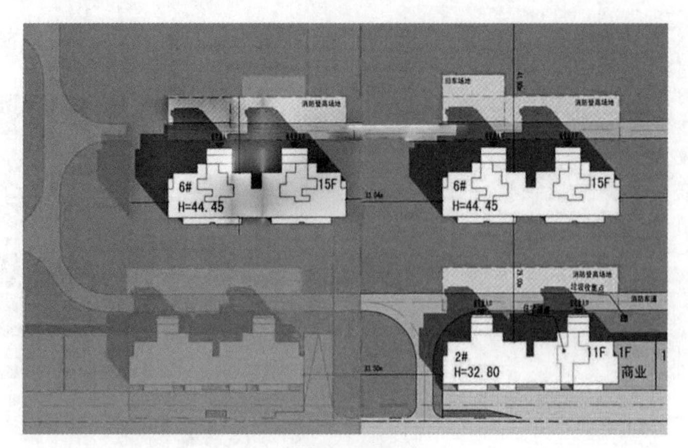

图 2-1-160

任务 4　修复人像

任务目标：使用多种修图工具修复人物图像。

知识要点：使用缩放命令调整图像大小，使用红眼工具去除人物红眼，使用仿制图章工具修复人物图像上的斑纹，使用模糊工具模糊图像，使用污点修复画笔工具修复人物脖子上的斑纹，效果如图 2-1-161 所示。

图 2-1-161

实施步骤：

（1）使用红眼工具修复人物红眼。

按 Ctrl+O 组合键打开素材 01 文件，如图 2-1-62 所示。按 Ctrl+ +键放大图像，效果如图 2-1-163 所示。

选择“红眼”工具，属性栏中的设置为默认值，在人物眼睛上的红色区域单击鼠标去除红眼，效果如图 2-1-164 所示。

（2）使用仿制图章工具修复人物颈部斑纹。

选择“仿制图章”工具，在属性栏中单击“画笔”选项右侧的按钮，在弹出的画笔选择面板中选择需要的画笔形状，将“大小”选项设为 15 像素，如图 2-1-165 所示。将仿制图章工具放在颈部需要取样的位置，按住 Alt 键，鼠标指针变为圆形十字图标，如图 5-1-166 所示，单击鼠标，如图 2-1-167 所示。用相同的方法去除人物颈部的所有斑纹，效果如图 2-1-168 所示。

图 2-1-162

图 2-1-163

图 2-1-164

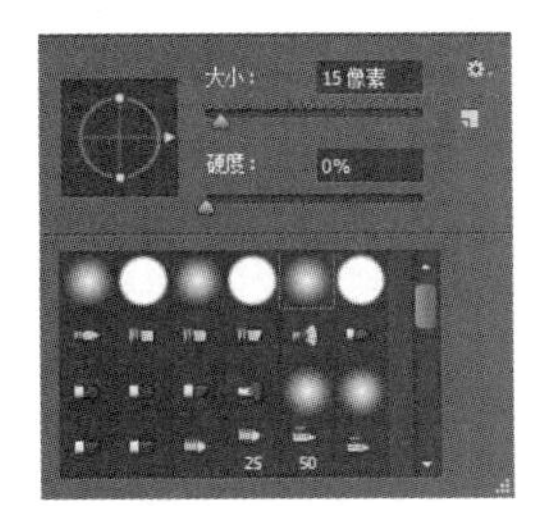

图 2-1-165

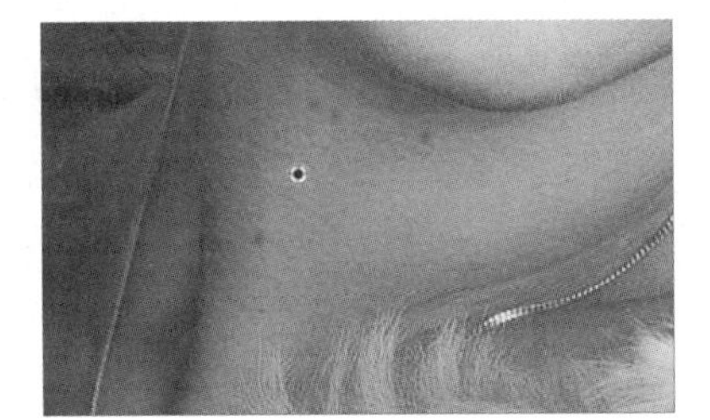

图 2-1-166

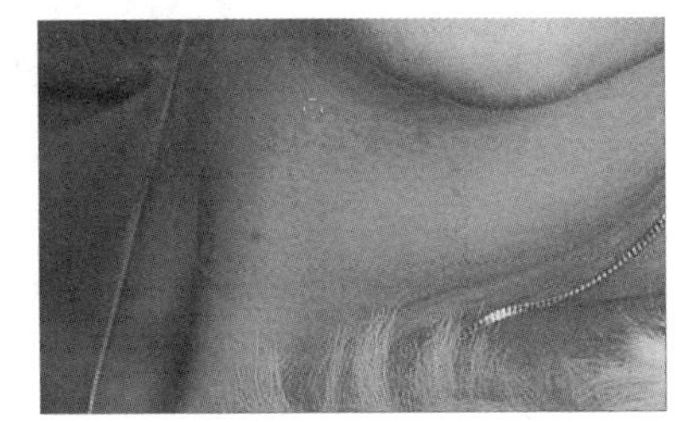

图 2-1-167

图 2-1-168

（3）使用污点修复工具对背景进行修复。

选择“缩放”工具，在图像窗口中单击鼠标将图像放大，选择“污点修复画笔”工具，单击“画笔”选项右侧的按钮，在弹出的画笔选择面板中进行设置，如图 2-1-169 所示。用鼠标在人物背景门框的斑驳上单击，如图 2-1-170 所示，斑驳被清除，如图 2-1-171 所示。用相同的方法清除门框上的其他斑驳，人物照片效果修复完成，如图 2-1-172 所示。

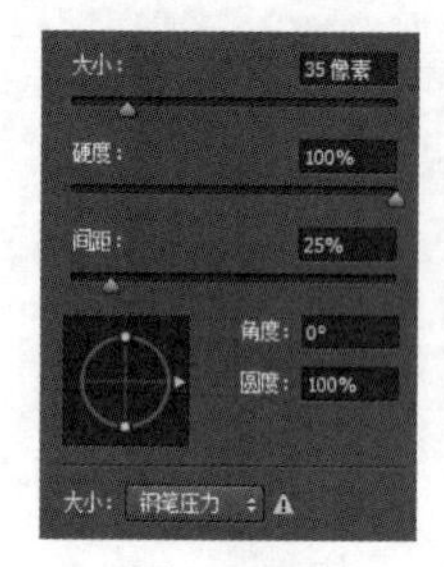

图 2-1-169

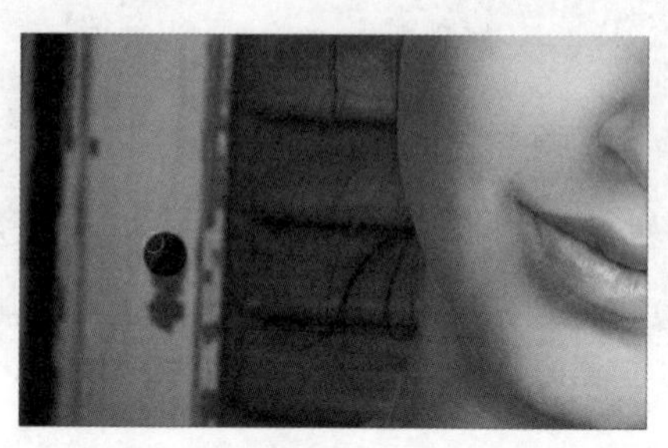
图 2-1-170

图 2-1-171

图 2-1-172

任务 5 制作建筑物倒影

学习目标： 使用编辑图像工具制作建筑物水中倒影。

知识要点： 使用裁剪工具减去多余的画面，使用画布大小扩大画布，使用自由变换将主体垂直翻转，然后用渐变等拉出透明过渡，用滤镜等做出类似水纹的素材，再用置换滤镜做出水纹效果，最后调整细节及颜色。最终效果如图 2-1-173 所示。

实施步骤：

（1）调整画布大小

按 Ctrl+O 组合键打开素材 01 文件，如图 2-1-174 所示。使用“裁剪”工具将多余的地面裁剪掉，效果如图 2-1-175 所示。

选择“图像”→“画布大小”命令，弹出“画布大小”对话框，在“定位”栏中选择“向下扩展”，将“高度”数值增加一倍，如图 2-1-176 所示，单击“确定”按钮，效果如图 2-1-177 所示。

图 2-1-173

图 2-1-174

图 2-1-175

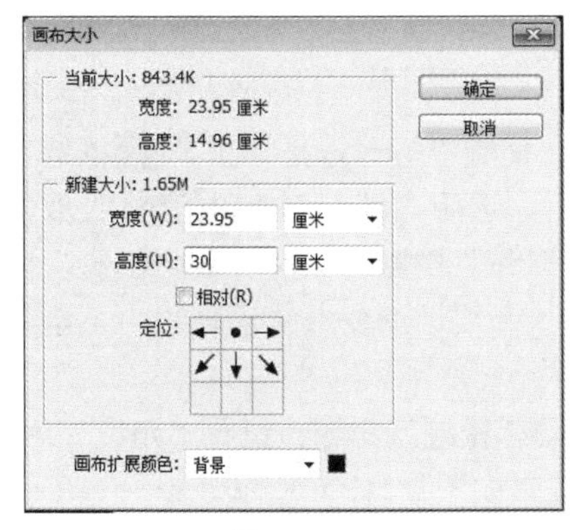

图 2-1-176

图 2-1-177

（2）旋转图像制作倒影。

使用“矩形选框”工具将“背景”图层中的照片矩形框选出来，如图 2-1-178 所示，按 Shift+Ctrl+J 组合键将选中的照片复制为新图层并命名为“主体建筑”，如图 2-1-179 所示。

图 2-1-178

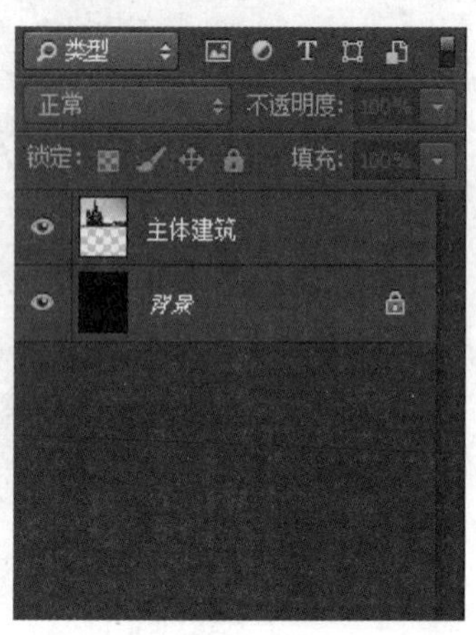

图 2-1-179

将“主体建筑”图层进行复制并命名为“倒影”，如图 2-1-180 所示，按 Ctrl+T 组合键进行自由变换，右击并选择“垂直翻转”选项，按住 Shift 键向下拖曳到合适的位置（如图 2-1-181 所示）并放置在“主体建筑”层的下方。

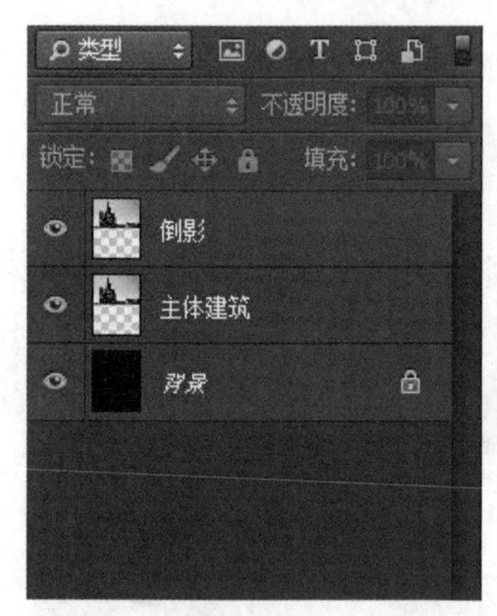

图 2-1-180

图 2-1-181

在“倒影”图层下方新建一个图层并命名为“水”，使用“矩形选框”工具框选出画面的下半部分，再使用吸管工具在天空中吸取浅蓝色，选用“填充”工具将吸取的浅蓝色填补在矩形选框中，如图 2-1-182 所示。链接“水”和“倒影”图层，给“倒影”图层添加一个图层蒙版，如图 2-1-183 所示。在蒙版上使用一个线性渐变，从水平线由下至上拉伸，如图 2-1-184 所示。

选中“倒影”图层，选择“滤镜”→“模糊”→“动感模糊”命令，设置“角度”为 90 度、“距离”为 13 像素，如图 2-1-185 所示，水面倒影效果如图 2-1-186 所示。

图 2-1-182

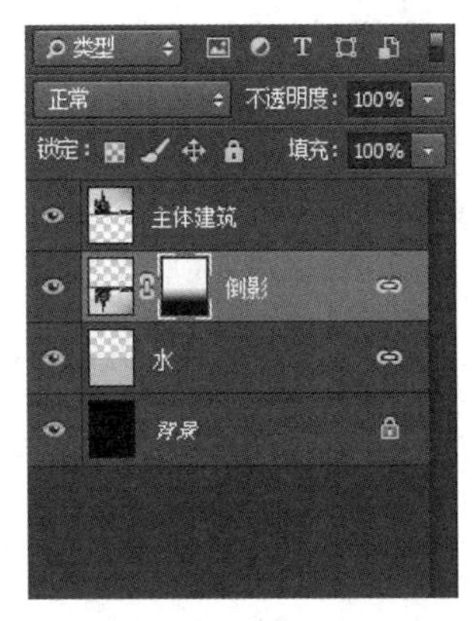

图 2-1-183

图 2-1-184

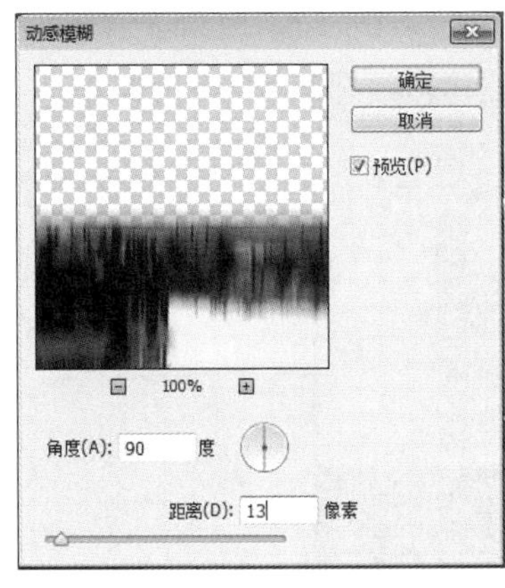

图 2-1-185

图 2-1-186

（3）新建图像制作涟漪。

按 Ctrl+N 组合键新建一个 1000 像素×2000 像素，分辨率为 72 的 RGB 文件，如图 2-1-187 所示。选择“滤镜”→“杂色”→“添加杂色”命令，设置为 400，如图 2-1-188 所示。选择“滤镜”→“模糊”→“高斯模糊”命令，设定“半径”为 2.1 像素，如图 2-1-189 所示。在“图层”控制面板中单击“通道”选项，选中红通道，选择“滤镜”→“风格化”→“浮雕效果”命令，设置“角度”为 180、高度为 1、数量为 500，如图 2-1-190 所示。

图 2-1-187

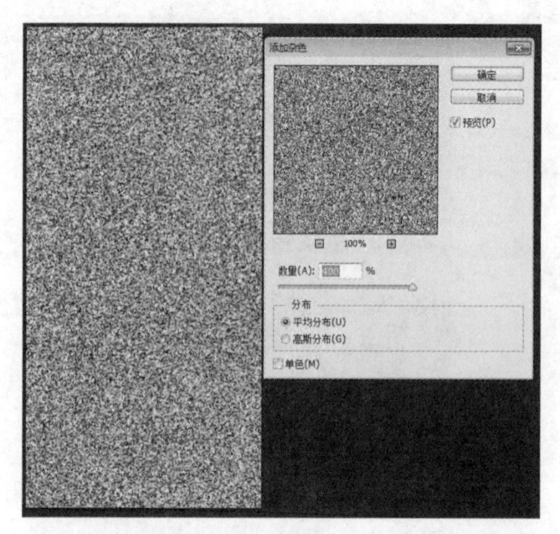

图 2-1-188

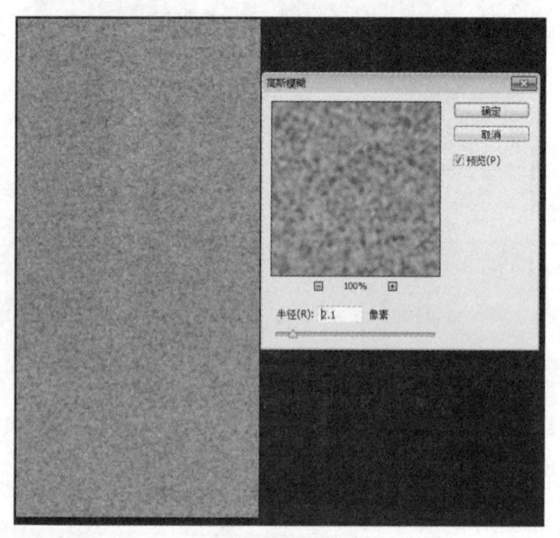

图 2-1-189

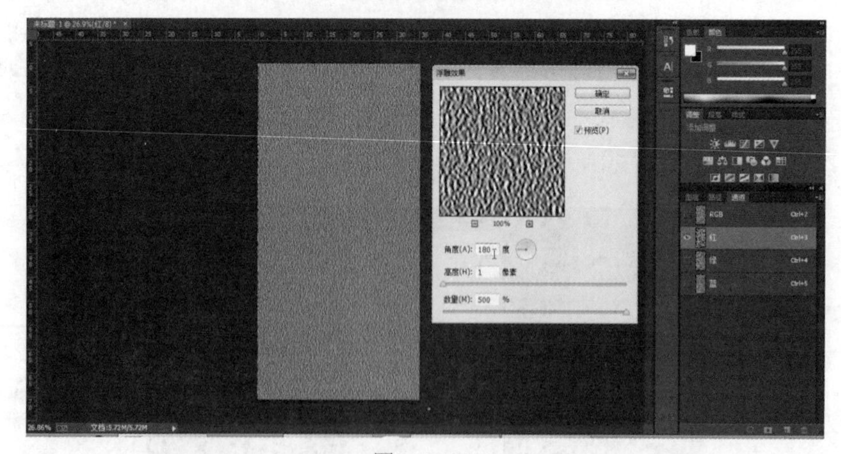

图 2-1-190

选中绿通道，选择“滤镜”→“风格化”→“浮雕效果”命令，设置“角度”为 90、高度为 1、数量为 500，如图 2-1-191 所示。双击“图层”控制面板“背景”图层中的按钮解锁背景层，如图 2-1-192 所示。

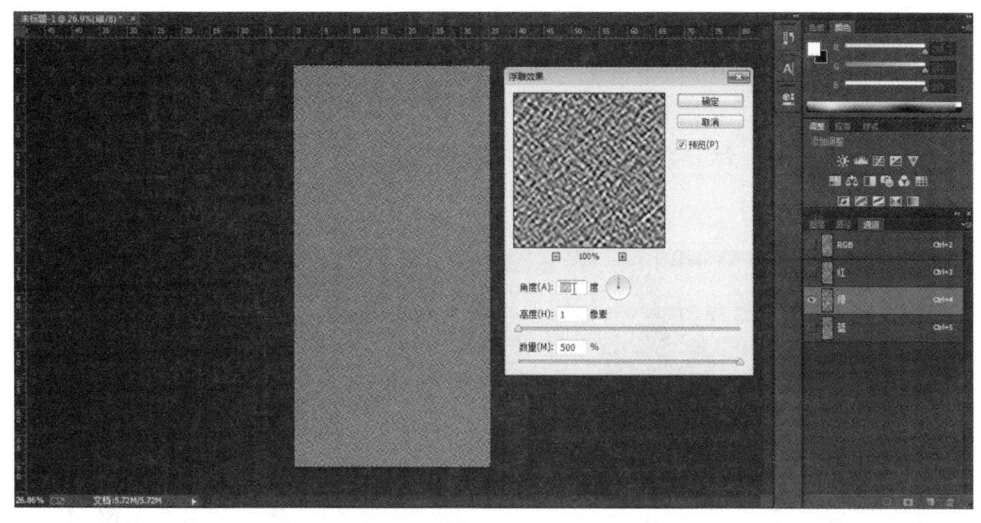

图 2-1-191

选中“背景”图层，对其进行拉伸并调整透视。选择“编辑”→“变换”→“透视”命令，效果如图 2-1-193 所示。选择“图像”→“图像大小”命令，调整图像大小，如图 2-1-194 所示，按住 Ctrl+T 组合键对画面效果进行调整，处理后的效果如图 2-1-195 所示，保存 PSD 格式文件得到“涟漪”图层。

图 2-1-192

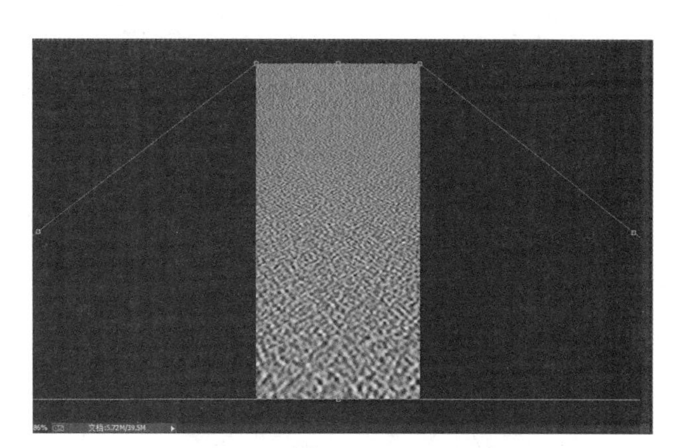

图 2-1-193

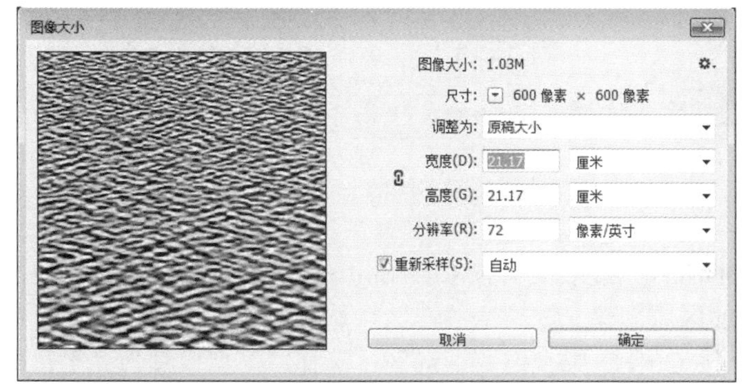

图 2-1-194

图 2-1-195

（4）合成倒影。

回到原来的处理文件，选择“倒影”图层，按住 Ctrl 键单击“倒影”图层载入选区，如图 2-1-196 所示。 选择“滤镜”→“扭曲”→“置换”命令，在弹出的对话框中设置“水平比例”为 5、“垂直比例”为 25，同时选择“伸展”选项以适合和重复边缘像素，如图 2-1-197 所示。

图 2-1-196

单击“确定”按钮后弹出选择框，选择我们刚做好的“涟漪”文件，单击“确定”按钮，效果类似于图 2-1-198 所示，具体操作中需要根据实际情况调整“涟漪”图层。

图 2-1-197

图 2-1-198

（5）调整细节美化图像。

根据显示效果，需要调整水岸之间接缝处的阴影。按 Ctrl+Shift+N 组合键新建一个空白图层并命名为“水岸线”，沿着地平线的区域创建一个狭窄的选区，选择“编辑”→“填充”命令，选择黑色，如图 2-1-199 所示。按 Ctrl+D 组合键取消选区，选择“高斯模糊”，“半径”设置为 20 像素，效果如图 2-1-200 所示。

图 2-1-199

图 2-1-200

【项目小结】

通过本项目我们了解并掌握了绘制、修饰图像的基本方法和操作技巧：画笔工具和填充工具可以绘制出丰富多彩的图像效果，仿制图章、污点修复、红眼等工具能快速修复有缺陷的图像，可在后期相关案例中灵活运用，真正做到学有所用。

【思考题】

1．Photoshop CC 中如何制作画笔？

2．Photoshop CC 中污点修复画笔工具的快捷键是什么？

3．Photoshop CC 中如何调整画布的尺寸？

项目 2 路径与图形知识详解

【项目导读】

本项目将详细讲解 Photoshop CC 强大的图形绘制功能和应用技巧。通过本项目的学习，可以快速地绘制所需路径，并对其进行修改和编辑，还可以应用绘图工具绘制出系统自带的图形，并能为绘制的图形添加丰富的视觉效果，提高图像制作的效率。

【项目目标】

学习目标：了解路径的概念
认识并掌握绘图工具的使用方法
认识并掌握路径的绘制和选取方法
认识并掌握编辑路径的方法和技巧
重　　点：熟练掌握矩形工具、圆角矩形工具、椭圆工具的使用方法
熟练掌握多边形工具、直线工具、自定形状工具的使用方法
熟练掌握钢笔工具、自由钢笔工具的使用方法
熟练掌握添加、删除锚点工具和转换点工具的使用方法
难　　点：熟练掌握选区和路径的转换和路径控制面板等的使用
熟练掌握复制、删除、重命名路径的方法
熟练掌握路径选择工具的使用方法和填充路径与描边路径的方法
了解创建 3D 图形和使用 3D 工具的方法

【知识链接】

知识 2.1 认识路径

路径是基于贝塞尔曲线建立的矢量图形。使用路径可以进行复杂图像的选取，并可以存储选取区域以备再次使用，更可以绘制线条平滑的优美图形。与路径相关的概念有锚点、直线点、曲线点、直线段、曲线段、端点。

锚点：由钢笔工具创建，是一个路径中两条线段的交点，路径是由锚点组成的。

直线点：按住 Alt 键并单击刚建立的锚点可以将锚点转换为带有一个独立调节手柄的直线点直线点，是一条直线段与一条曲线段的连接点。

曲线点：曲线点是带有两个独立调节手柄的锚点，曲线点是两条曲线段之间的连接点，调节手柄可以改变曲线的弧度。

直线段：用钢笔工具在图像中单击两个不同的位置将在两点之间创建一条直线段。

曲线段：拖曳曲线点可以创建一条曲线段。

端点：路径的结束点就是路径的端点。

知识 2.2　钢笔工具

钢笔工具可用于抠出复杂的图像，也可用于绘制各种路径图形。

2.2.1　钢笔工具选项

选择“钢笔”工具或反复按 Shift+P 组合键，属性栏如图 2-2-1 所示。

图 2-2-1

按住 Shift 键创建锚点时将强迫系统以 45 度角或 45 度角的倍数绘制路径。

按住 Alt 键，当“钢笔”工具移到锚点上时会暂时将“钢笔”工具转换为“转换点”工具。

按住 Ctrl 键，当“钢笔”工具移到锚点上时会暂时将“钢笔”工具转换为“直接选择”工具。

2.2.2　绘制直线段

创建一个新的图像文件，选择“钢笔”工具，在属性栏的“选择工具模式”选项中选择“路径”，这样使用“钢笔”工具绘制的将是路径，如果选中“形状”则将绘制出“形状”图层，勾选“自动添加/删除”复选项，如图 2-2-2 所示。

图 2-2-2

在图像中的任意位置单击创建一个锚点，将鼠标移动到其他位置再单击创建第 2 个锚点，两个锚点之间自动以直线进行连接，如图 2-2-3 所示。再将鼠标移动到其他位置单击创建第 3 个锚点，而系统将在第 2 个和第 3 个锚点之间生成一条新的直线路径，如图 2-2-4 所示。

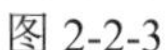

图 2-2-3

图 2-2-4

2.2.3 绘制曲线

用“钢笔”工具单击建立新的锚点并按住鼠标不放，拖曳鼠标建立曲线段和曲线点（如图 2-2-5 所示），松开鼠标，按住 Alt 键的同时用“钢笔”工具单击刚刚建立的曲线点（如图 2-2-6 所示）将其转换为直线点，在其他位置再次单击建立下一个锚点，可在曲线段后绘制出直线段，如图 2-2-7 所示。

图 2-2-5

图 2-2-6

图 2-2-7

知识 2.3 编辑路径

可以通过添加锚点、删除锚点，应用转换点工具、路径选择工具、直接选择工具对已有的路径进行修整。

2.3.1 添加和删除锚点工具

1. 添加锚点工具

添加锚点工具用于在路径上添加新的锚点。将“钢笔”工具移动到建立好的路径上，若当前此处没有锚点，则“钢笔”工具转换为“添加锚点”工具，如图 2-2-8 所示，在路径上单击可以添加一个锚点，效果如图 2-2-9 所示。

图 2-2-8

图 2-2-9

2. 删除锚点工具

删除锚点工具用于删除路径上已经存在的锚点。将“钢笔”工具放到直线路径的锚点上，则“钢笔”工具转换为“删除锚点”工具，如图 2-2-10 所示，单击锚点将其删除，效果如图 2-2-11 所示。

图 2-2-10

图 2-2-11

将“钢笔”工具放到曲线路径的锚点上，则“钢笔”工具转换为“删除锚点”工具，如图 2-2-12 所示，单击锚点将其删除，效果如图 2-2-13 所示。

图 2-2-12

图 2-2-13

2.3.2　转换点工具

使用转换点工具单击或拖曳锚点可将其转换成直线点或曲线点，拖曳锚点上的调节手柄可以改变线段的弧度。

与“转换点”工具相配合的功能键如下：按住 Shift 键拖曳其中的一个锚点，将强迫手柄以 45 度角或 45 度角的倍数进行改变；按住 Alt 键拖曳手柄，可以任意改变两个调节手柄中的一个，而不影响另一个的位置；按住 Alt 键拖曳路径中的线段，可以将路径进行复制。

使用“钢笔”工具在图像中绘制方形路径，如图 2-2-14 所示。当要闭合路径时，鼠标指针变为图标，单击即可闭合路径，完成方形路径的绘制，如图 2-2-15 所示。

图 2-2-14

图 2-2-15

选择“转换点”工具，将鼠标放置在方形左上角的锚点上，如图 2-2-16 所示，单击锚点并将其向右上方拖曳形成曲线点，如图 2-2-17 所示。使用相同的方法将方形上其他的锚点转换为曲线点，如图 2-2-18 所示。绘制完成后圆形路径的效果如图 2-2-19 所示。

图 2-2-16

图 2-2-17

图 2-2-18

图 2-2-19

2.3.3 路径选择和直接选择工具

1. 路径选择工具

路径选择工具用于选择一个或几个路径，并对其进行移动、组合、对齐、分布和变形。选择“路径选择”工具或反复按 Shift+A 组合键，属性栏如图 2-2-20 所示。

图 2-2-20

2. 直接选择工具

直接选择工具用于移动路径中的锚点或线段，还可以调整手柄和控制点。路径的原始效果如图 2-2-21 所示，选择“直接选择”工具，拖曳路径中的锚点来改变路径的弧度，如图 2-2-22 所示。

图 2-2-21

图 2-2-22

2.3.4 填充路径

在图像中创建路径，如图 2-2-23 所示。单击“路径”控制面板右上方的图标，在下拉列表中选择“填充路径”选项，弹出“填充路径”对话框，设置如图 2-2-24 所示，单击“确定”按钮用前景色填充路径，效果如图 2-2-25 所示。

图 2-2-23

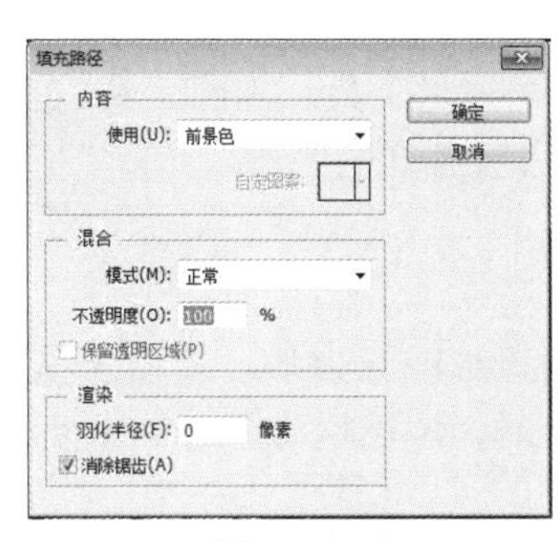

图 2-2-24

图 2-2-25

内容：用于设置使用的填充颜色或图案。

模式：用于设置混合模式。

不透明度：用于设置填充的不透明度。

保留透明区域：用于保留图像中的透明区域。

羽化半径：用于设置柔化边缘的数值。

消除锯齿：用于清除边缘的锯齿。

单击“路径”控制面板下方的“用前景色填充路径”按钮即可填充路径。按住 Alt 键的同时单击“用前景色填充路径”按钮将弹出“填充路径”对话框。

2.3.5 描边路径

在图像中创建路径，如图 2-2-26 所示。单击“路径”控制面板右上方的图标，在下拉列表中选择“描边路径”选项，弹出“描边路径”对话框，在“工具”下拉列表框中选择“画笔”工具，如图 2-2-27 所示，此下拉列表框中共有 19 种工具供选择，如果当前在工具箱中已经选择了“画笔”工具，该工具将自动地设置在此处。另外，在画笔属性栏中设定的画笔类型也将直接影响此处的描边效果。设置好后单击“确定”按钮，描边路径的效果如图 2-2-28 所示。单击“路径”控制面板下方的“用画笔描边路径”按钮即可描边路径。按住 Alt 键的同时单击“用画笔描边路径”按钮将弹出“描边路径”对话框。

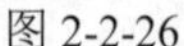

图 2-2-26

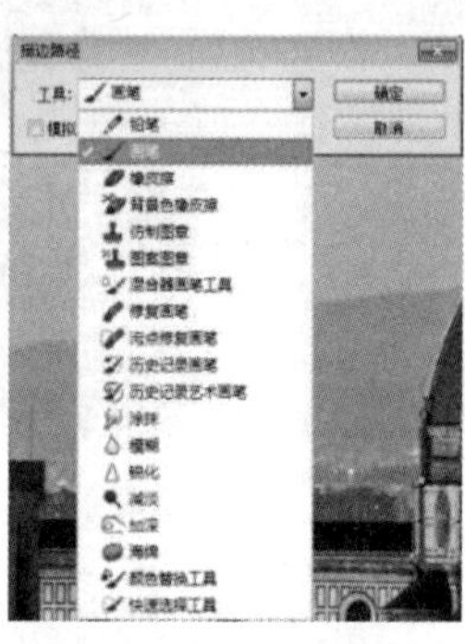

图 2-2-27

图 2-2-28

知识 2.4 绘图工具

绘图工具包括矩形工具、圆角矩形工具、椭圆工具、多边形工具、直线工具和自定形状工具，应用这些工具可以绘制出各种各样的图形。

2.4.1 矩形工具

“矩形”工具可以用来绘制矩形或正方形。单击工具箱中的“矩形”工具或反复按 Shift+U 组合键可启用“矩形”工具，属性栏如图 2-2-29 所示。

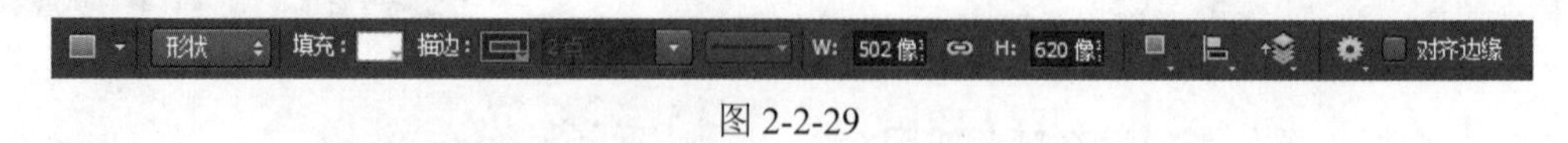

图 2-2-29

选项：用于选择创建路径形状、创建工作路径或填充区域。

选项：用于设置矩形的填充色、描边色、描边宽度和描边类型。

：用于设置矩形的宽度和高度。

按钮：用于设置路径的组合方式、对齐方式和排列方式。

按钮：用于设置所绘制矩形的形状。

“对齐边缘”选项：用于设置边缘是否对齐。

打开一幅图像，如图 2-2-30 所示。在图像中绘制矩形，效果如图 2-2-31 所示，“图层”控制面板如图 2-2-32 所示。

图 2-2-30

图 2-2-31

图 2-2-32

2.4.2 圆角矩形工具

“圆角矩形”工具可以用来绘制具有平滑边缘的矩形。单击工具箱中的“圆角矩形”工具或反复按 Shift+U 组合键，启用“矩形”工具，属性栏如图 2-2-33 所示。其中的选项内容与“矩形”工具属性栏中的选项内容类似，只增加了“半径”选项，用于设定圆角矩形的平滑程度，半径数值越大圆角矩形越平滑。

图 2-2-33

打开一幅图像，如图 2-2-34 所示。将“半径”选项设为 40 像素，在图像中绘制圆角矩形，效果如图 2-2-35 所示，“圆层”控制面板如图 2-2-36 所示。

图 2-2-34

图 2-2-35

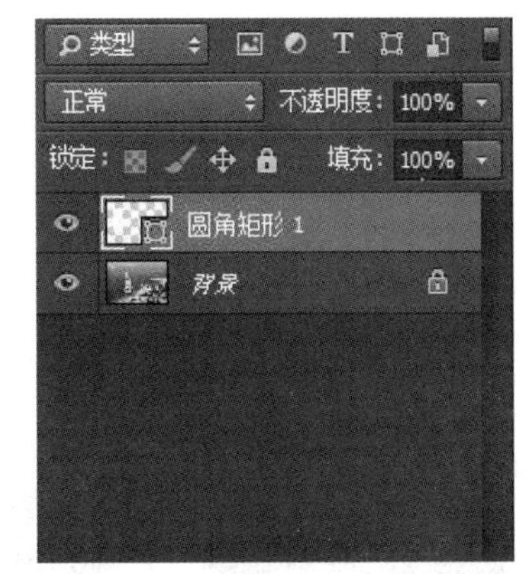

图 2-2-36

2.4.3 椭圆工具

“椭圆”工具可以用来绘制椭圆形或正圆形。单击工具箱中的“椭圆”工具或反复按

Shift+U 组合键启用“椭圆”工具，属性栏如图 2-2-37 所示。其中的选项内容与“矩形”工具属性栏中的选项内容类似。

图 2-2-37

打开一幅图像，如图 2-2-38 所示。在图像上绘制椭圆形，效果如图 2-2-39 所示，“图层”控制面板如图 2-2-40 所示。

图 2-2-38

图 2-2-39

图 2-2-40

2.4.4 多边形工具

“多边形”工具可以用来绘制多边形或正多边形。单击工具箱中的“多边形”工具或反复按 Shift+U 组合键启用“多边形”工具，属性栏如图 2-2-41 所示。其中的选项内容与“矩形”工具属性栏中的选项内容类似，只增加了“边”选项，用于设置多边形的边数。

图 2-2-41

打开一幅图像，如图 2-2-42 所示。单击属性栏中的按钮，在弹出的面板中进行设置，如图 2-2-43 所示。在图像中绘制多边形，效果如图 2-2-44 所示，“图层”控制面板如图 2-2-45 所示。

图 2-2-42

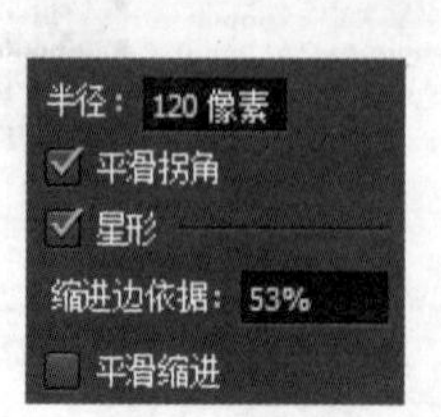

图 2-2-43

图 2-2-44

图 2-2-45

2.4.5　直线工具

“直线”工具可以用来绘制直线或带有箭头的线段。单击工具箱中的“直线”工具或反复按 Shift+U 组合键启用“直线”工具，属性栏如图 2-2-46 所示。其中的选项内容与“矩形”工具属性栏中的选项内容类似，只增加了“粗细”选项，用于设置直线的宽度。

图 2-2-46

单击属性栏中的按钮弹出“箭头”面板，如图 2-2-47 所示。

“起点”选项用于选择箭头位于线段的始端，“终点”选项用于选择箭头位于线段的末端，“宽度”选项用于设置箭头宽度和线段宽度的比值，“长度”选项用于设置箭头长度和线段长度的比值，“凹度”选项用于设置箭头凹凸的形状。

打开一幅图像，如图 2-2-48 所示。在图像中绘制不同效果的直线，如图 2-2-49 所示，“图层”控制面板如图 2-2-50 所示。

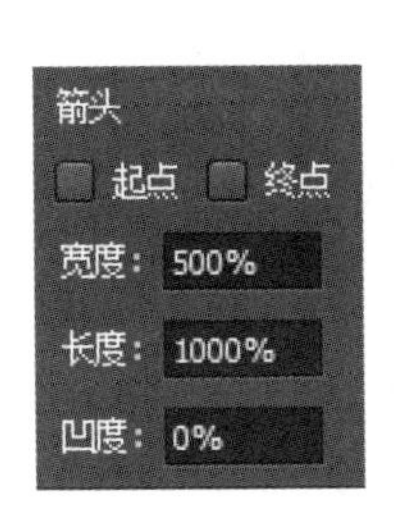

图 2-2-47

图 2-2-48

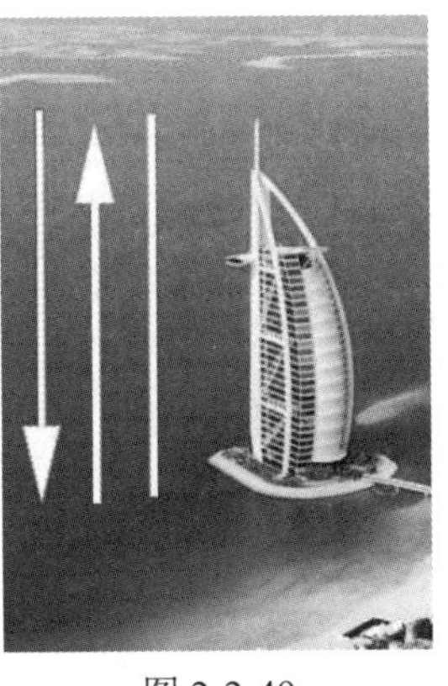

图 2-2-49

图 2-2-50

2.4.6　自定形状工具

“自定形状”工具可以用来绘制一些自定义的图形。单击工具箱中的“自定形状”工具或反复按 Shift+U 组合键启用“自定形状”工具，属性栏如图 2-2-51 所示。其中的选项内容与“矩形”工具属性栏中的选项内容类似，只增加了“形状”选项，用于选择所需的形状。

图 2-2-51

打开一幅图像，如图 2-2-52 所示，单击“形状”选项右侧的按钮，弹出如图 2-2-53 所示的形状选择面板，其中存储了可供选择的各种不规则形状，如图 2-2-54 所示，“图层”控制面板如图 2-2-55 所示。

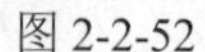

图 2-2-52

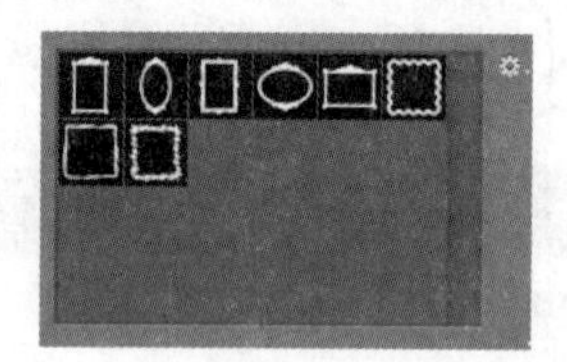

图 2-2-53

图 2-2-54

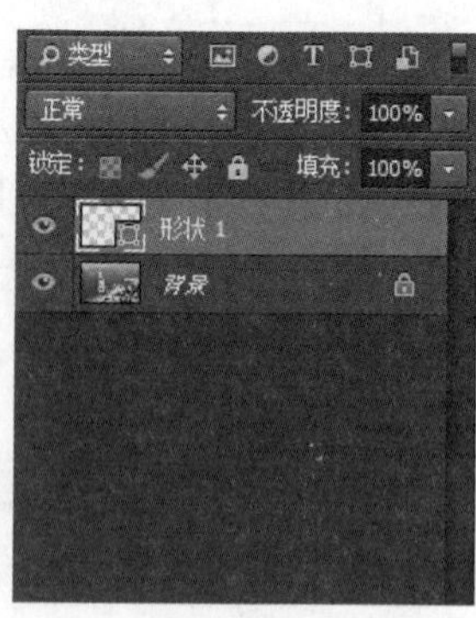

图 2-2-55

【任务挑战】

任务 1　更换室内装饰画

任务目标：使用钢笔工具绘制直线和曲线，建立路径和选区，并更换室内效果图装饰画。

知识要点：认识路径，合理使用钢笔工具建立路径，使用钢笔工具绘制出直线和曲线，学会使用钢笔工具中的锚点，效果如图 2-2-56 所示。

图 2-2-56

实施步骤：

（1）按 Ctrl+O 组合键打开素材 01 文件，如图 2-2-57 所示。选择“钢笔”工具，分别在装饰画的四周建立锚点并将其闭合绘制出不规则的矩形，如图 2-2-58 所示。

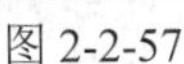

图 2-2-57

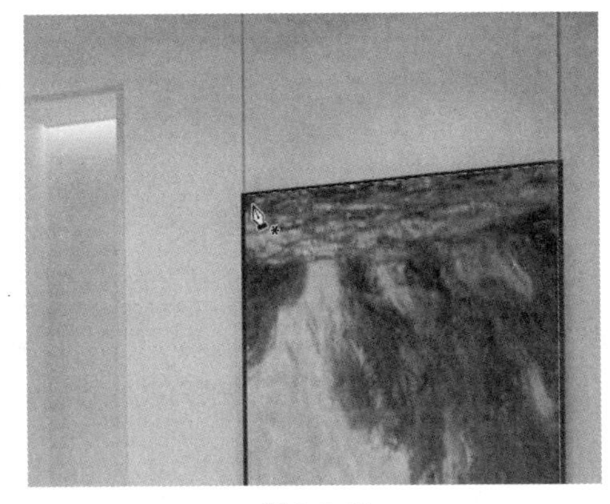

图 2-2-58

（2）单击“图层”控制面板“背景”图层中的按钮解锁背景图层。右击并选择“建立选区”将钢笔所绘制的路径转换为选区，如图 2-2-59 所示。按 Ctrl+Shift+J 组合键将选区生成为新的图层，如图 2-2-60 所示。

图 2-2-59

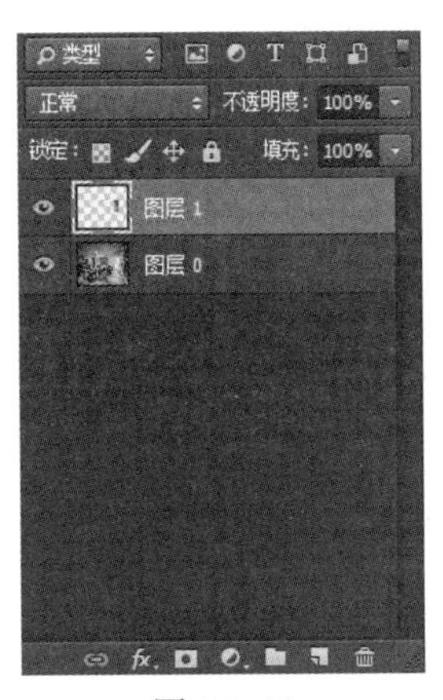

图 2-2-60

（3）按 Ctrl+O 组合键打开素材 02 文件，并将其拖曳到文件 01 中，如图 2-2-61 所示。选中“图层 2”，按 Ctrl+T 组合键进行自由变换，在变换过程中按住 Ctrl 键的同时单击四个角点，分别将四个角点对齐至画框四角处，如图 2-2-62 所示。

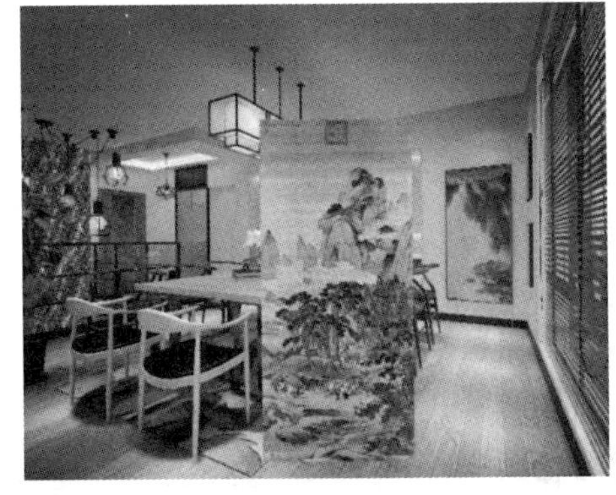

图 2-2-61

图 2-2-62

（4）运用曲线（Ctrl+M）调整“图层 2”使画面色彩变得更加深沉，融入到整个室内效果图之中，具体数值如图 2-2-63 所示，最终效果如图 2-2-64 所示。

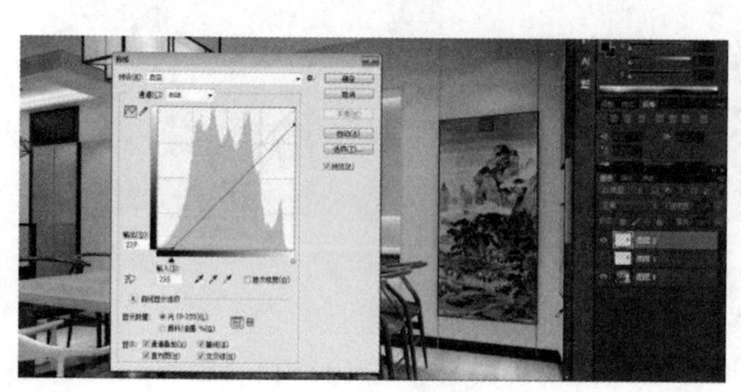
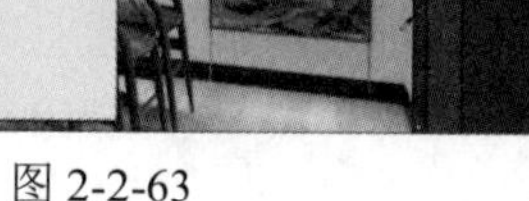

图 2-2-63

图 2-2-64

任务 2　几何形建筑物的绘制

学习目标：学会编辑路径的基本方法，如建立路径、选择路径、描边路径、填充路径等，并绘制出几何形建筑物。

知识要点：合理使用路径选择工具调整路径，使用填充路径和描边路径调整和修改路径，效果如图 2-2-65 所示。

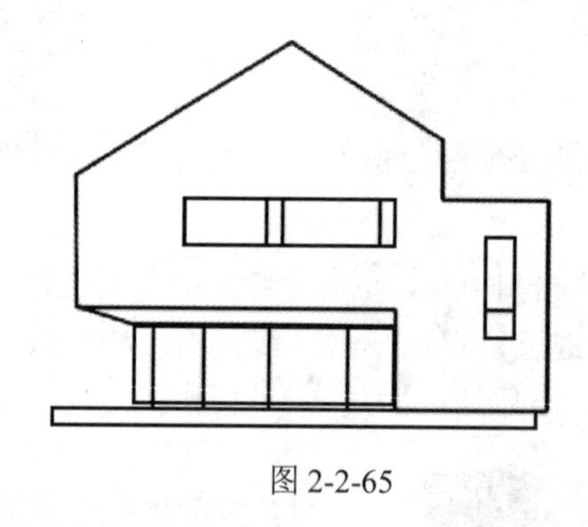

图 2-2-65

实施步骤：

（1）使用钢笔工具绘制直线或曲线路径。

按 Ctrl+N 组合键新建一个高为 21 厘米、宽为 29.7 厘米、分辨率为 72 像素/英寸的画布文件，如图 2-2-66 所示。

（2）使用选择路径工具填充路径。

新建图层并命名为“轮廓”，选择“钢笔”工具，绘制出如图 2-2-67 所示的基本路径。选择“路径选择”工具，按住 Shift 键选中所有路径，如图 2-2-68 所示。将画笔大小设置为“2 像素”，如图 2-2-69 所示，再次选择“路径选择”工具，右击并选择“描边路径”选项，效果如图 2-2-70 所示。

图 2-2-66

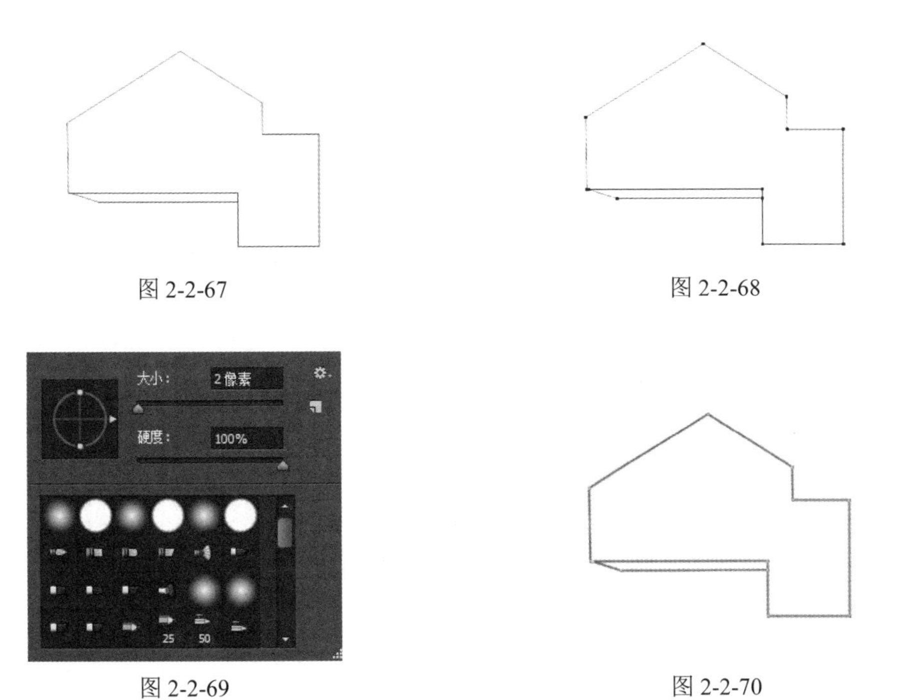

图 2-2-67　　图 2-2-68

图 2-2-69　　图 2-2-70

选择“矩形”工具，将其模式设置为“形状”，填充为“无”，描边宽度设置为“2 点”，绘制出如图 2-2-71 所示的矩形。

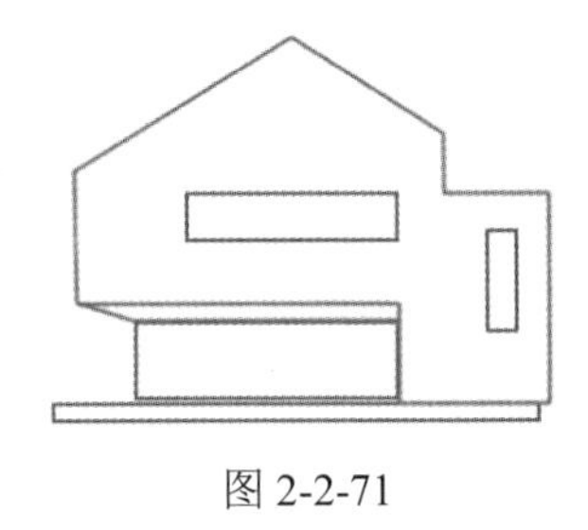

图 2-2-71

（3）使用钢笔工具绘制门窗细节并填充路径。

新建图层并命名为“门窗”，选择“钢笔”工具，绘制出建筑物门窗的路径，如图 2-2-72 所示。选择“路径选择”工具，选中绘制的路径，右击对所选中的路径进行描边，效果如图 2-2-73 所示。

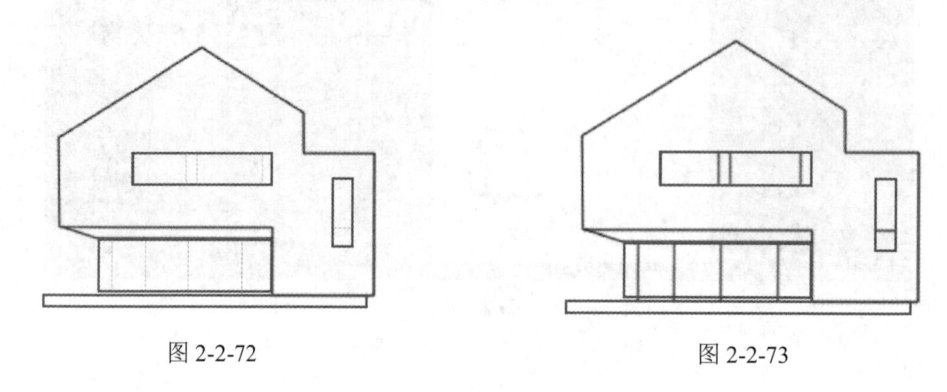

图 2-2-72　　图 2-2-73

任务 3　简单图标的绘制

学习目标：熟练运用圆角工具、椭圆工具、路径、矩形工具等绘制图标。

知识要点：熟练掌握形状工具的基本使用方法，合理使用各类形状工具绘制出简单的图标，效果如图 2-2-74 所示。

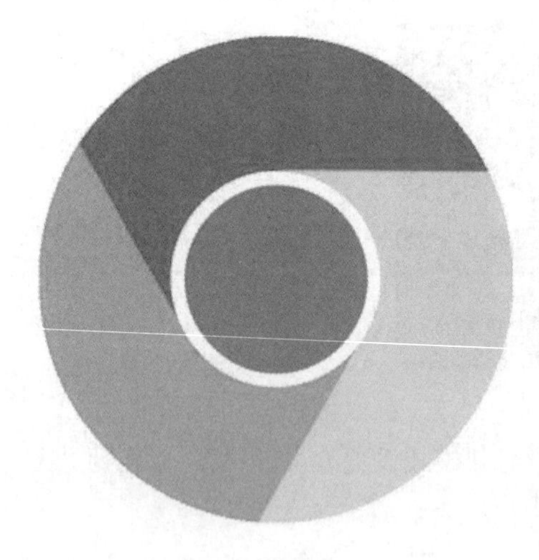

图 2-2-74

实施步骤：

（1）使用椭圆工具绘制同心圆。

1）按 Ctrl+N 组合键新建一个高为 20 厘米、宽为 20 厘米、分辨率为 72 像素/英寸的画布文件，如图 2-2-75 所示。前景色设置为红色（R:236 G:70 B:58），选择“椭圆形状”工具，模式选择为“像素”，单击属性栏中的“设置”按钮进行设置，如图 2-2-76 所示。

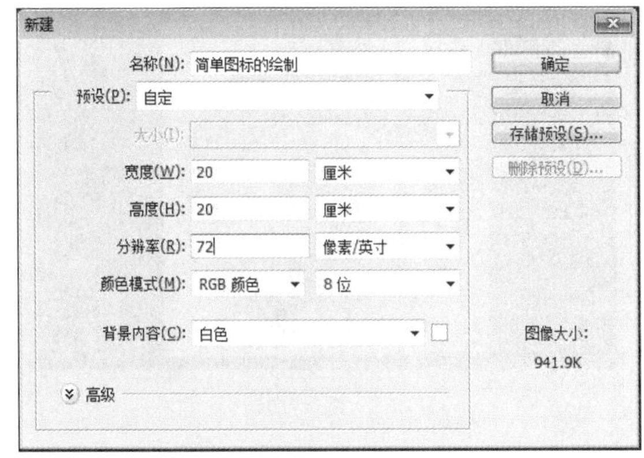

图 2-2-75

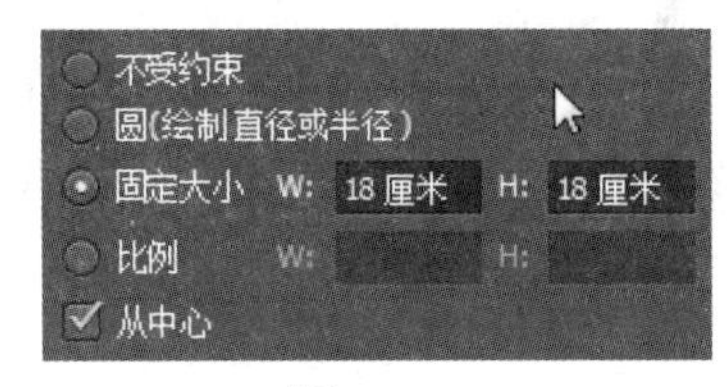

图 2-2-76

2）按 Ctrl+Shift+N 组合键新建图层并命名为“大圆”，按 Ctrl+R 组合键调出标尺，画出参考线，水平垂直居中，绘制出的大圆如图 2-2-77 所示。新建图层并命名为“同心白圆”，前景色设置为白色，圆的固定大小设置为 8 厘米×8 厘米，绘制出一个同心圆，效果如图 2-2-78 所示。

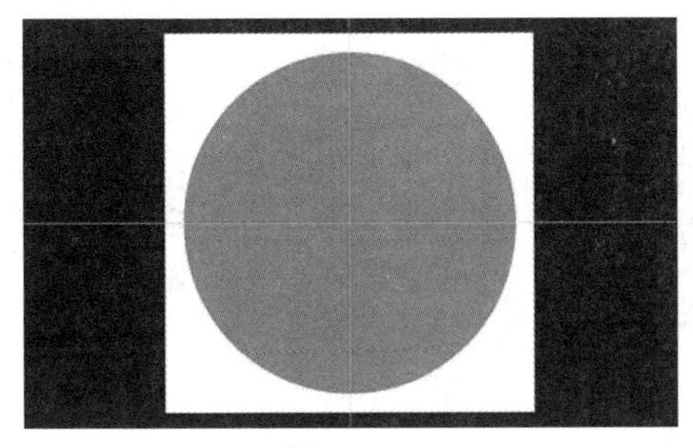

图 2-2-77

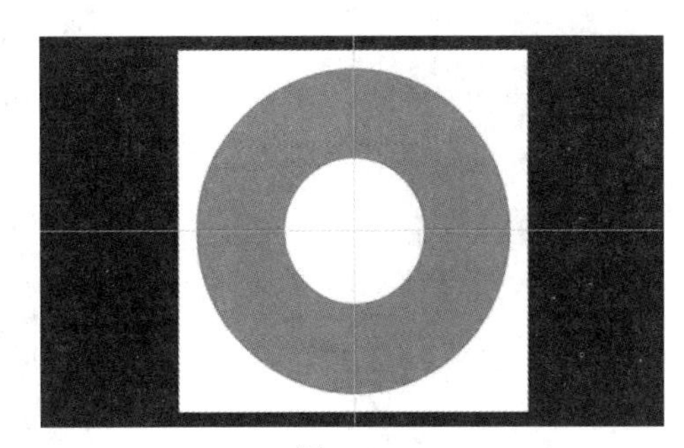

图 2-2-78

3）新建图层并命名为“同心蓝圆”，将前景色设置为蓝色（R:91 G:150 B:208），圆的固定大小设置为 7 厘米×7 厘米，如图 2-2-79 所示，绘制出一个同心圆，效果如图 2-2-80 所示。

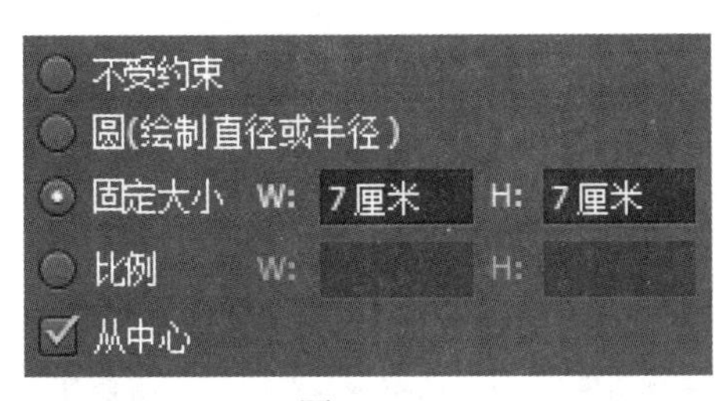

图 2-2-79

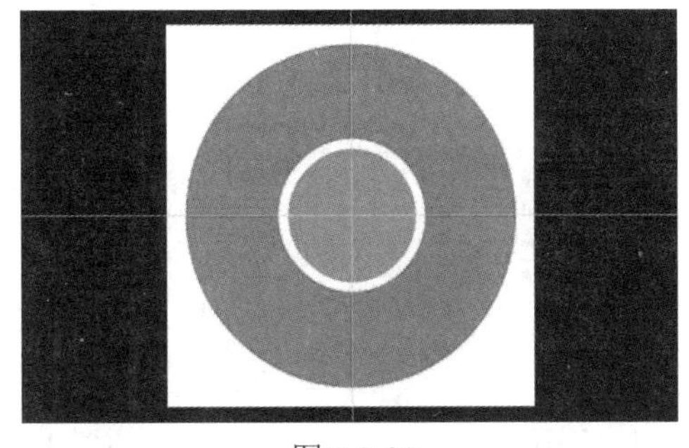

图 2-2-80

（2）使用直线工具将圆分成三等份。

按 Ctrl+Shift+N 组合键新建图层并命名为“切线”，选择“直线”工具沿着白色小圆顶部绘制一条外切直线，如图 2-2-81 所示。选择“切线”图层拖曳至“创建新图层”按钮复制“切线”图层，按 Ctrl+T 组合键，在属性栏的“角度”栏中输入 120 将复制的切线旋转 120 度，重复以上操作一次，如图 2-2-82 所示。

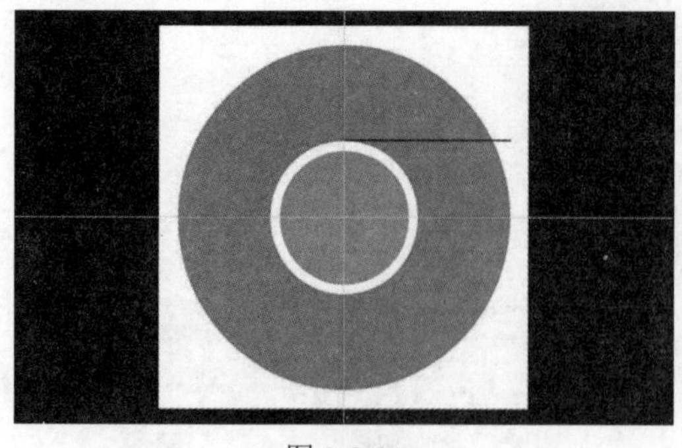

图 2-2-81

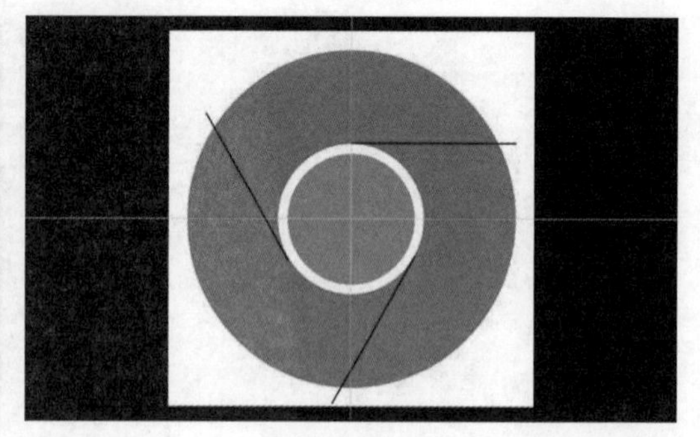

图 2-2-82

（3）使用矩形工具绘制三色块。

1）按 Ctrl+Shift+N 组合键新建图层并命名为“黄色块”，分别新建“绿色块”和“红色块”图层，如图 2-2-83 所示。将前景色设为黄色（R:251 G:217 B:5），选择“矩形”工具，属性设置为像素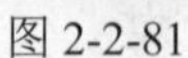，沿着水平的黑色切线垂直绘制出黄色块，如图 2-2-84 所示。

图 2-2-83

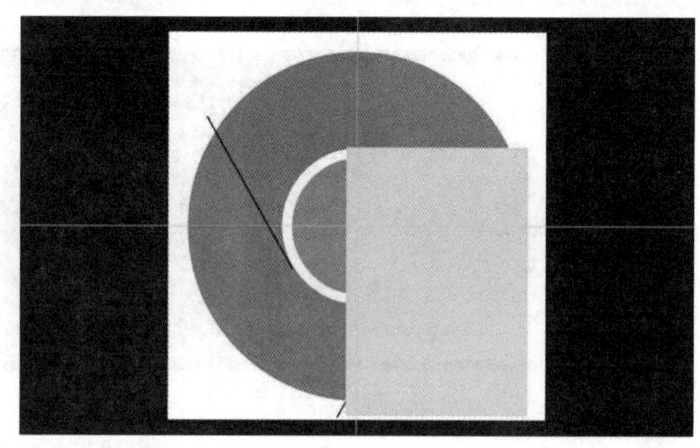

图 2-2-84

2）将当前图层选择为“绿色块”图层，前景色设置为绿色（R:90 G:197 B:93），在黄色矩形的基础上绘制出相同大小的绿色矩形，如图 2-2-85 所示，按 Ctrl+T 组合键将其旋转 120 度，如图 2-2-86 所示。

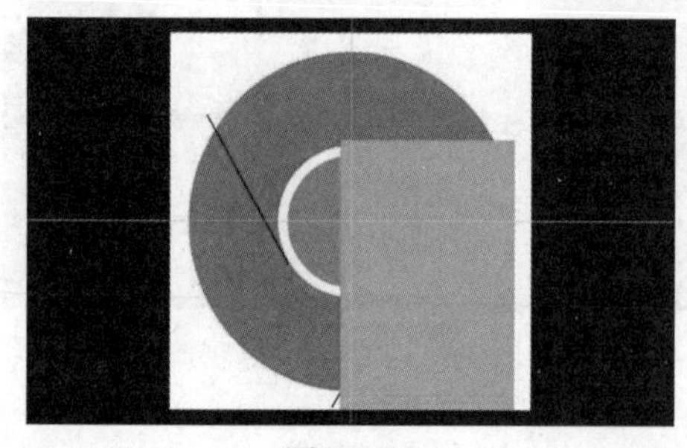

图 2-2-85

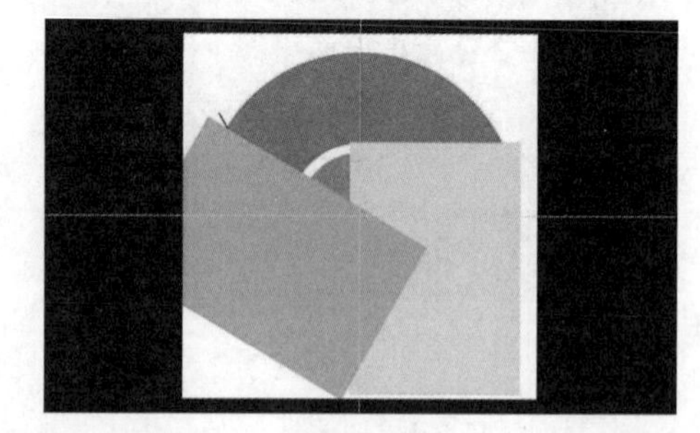

图 2-2-86

3）将当前图层选择为“红色块”图层，前景色设置为红色（R:236 G:70 B:58），在黄色矩形的基础上绘制出相同大小的红色矩形，如图 2-2-87 所示，按 Ctrl+T 组合键将其旋转 -120 度，如图 2-2-88 所示。

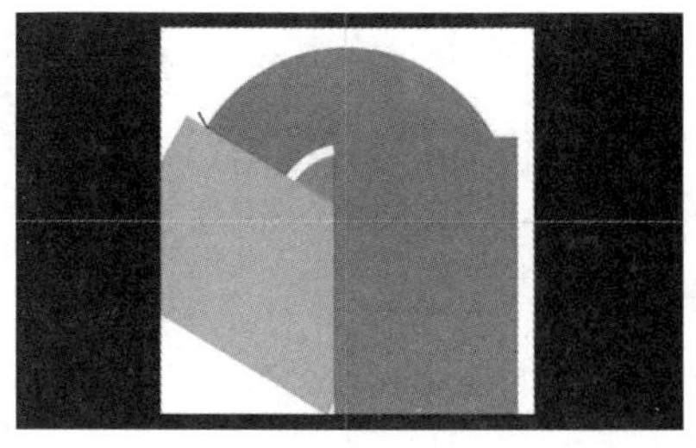
图 2-2-87

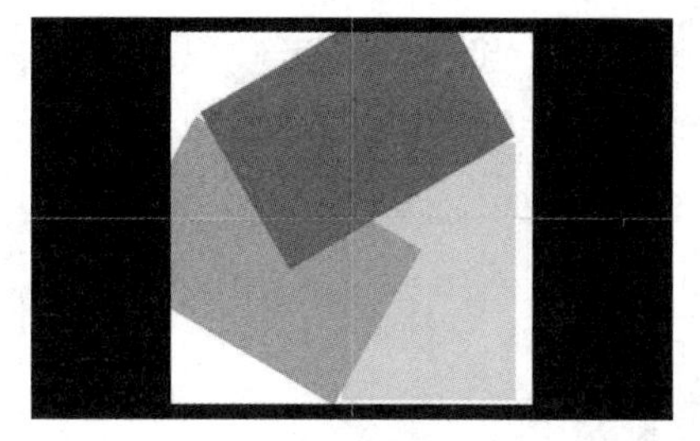
图 2-2-88

（4）调整修饰图形。

1）选中“同心蓝圆”和“同心白圆”图层，单击“图层”控制面板中的“链接”按钮将两个图层进行链接，如图 2-2-89 所示，并拖动两个链接图层至“红色块”图层上方，如图 2-2-90 所示。

图 2-2-89

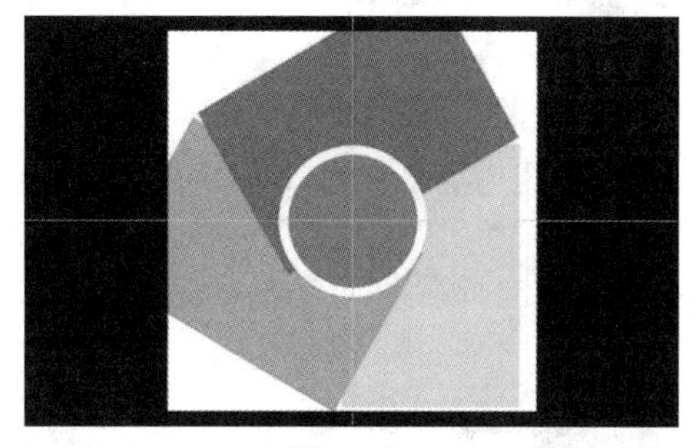
图 2-2-90

2）选中所有“切线”图层，单击“图层”控制面板中的“链接”按钮，将所有“切线”图层进行链接，如图 2-2-91 所示，并拖动所有切线链接图层至“红色块”图层上方，如图 2-2-92 所示。

图 2-2-91

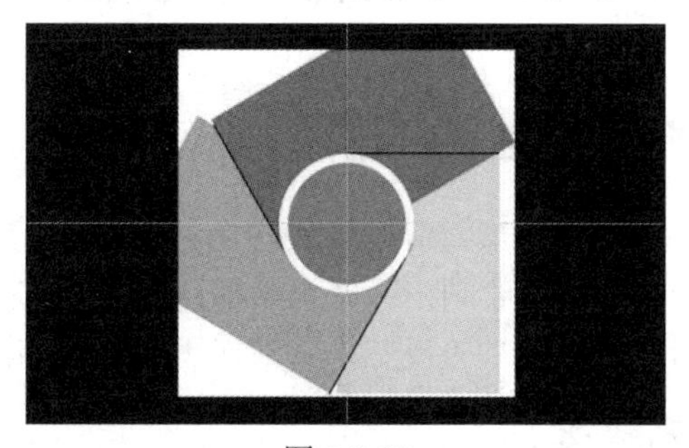
图 2-2-92

3）选中“红色块”图层，使用“钢笔”工具沿着红色块中的黑色切线以下的区域建立路径，如图 2-2-93 所示，右击并选择“建立选区”选项，效果如图 2-2-94 所示，按 Delete 键删除所选区域，如图 2-2-95 所示，按 Ctrl+D 组合键取消选区。

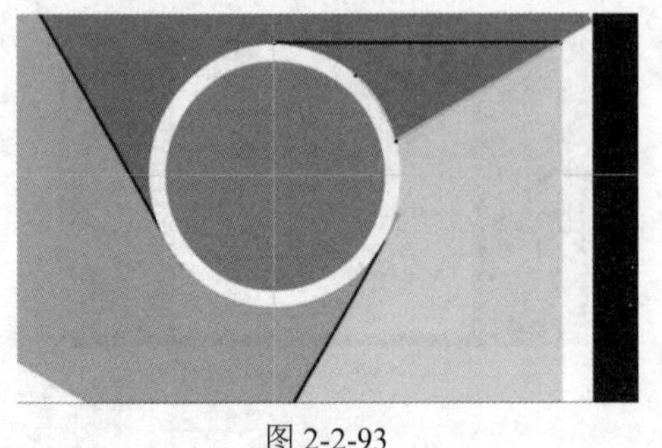

图 2-2-93

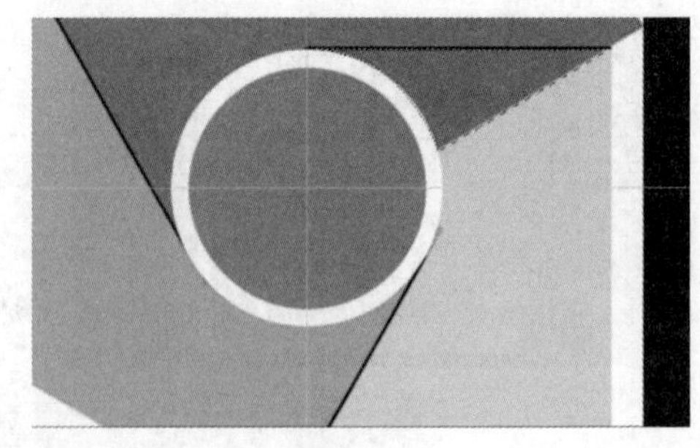

图 2-2-94

4）选中“大圆”图层，使用“魔棒”工具选择反向，如图 2-2-96 所示，选中“黄色块”图层按 Delete 键删除黄色区域，如图 2-2-97 所示，分别选中“红色块”和“绿色块”图层进行删除，再分别隐藏切线图层，最终效果如图 2-2-98 所示。

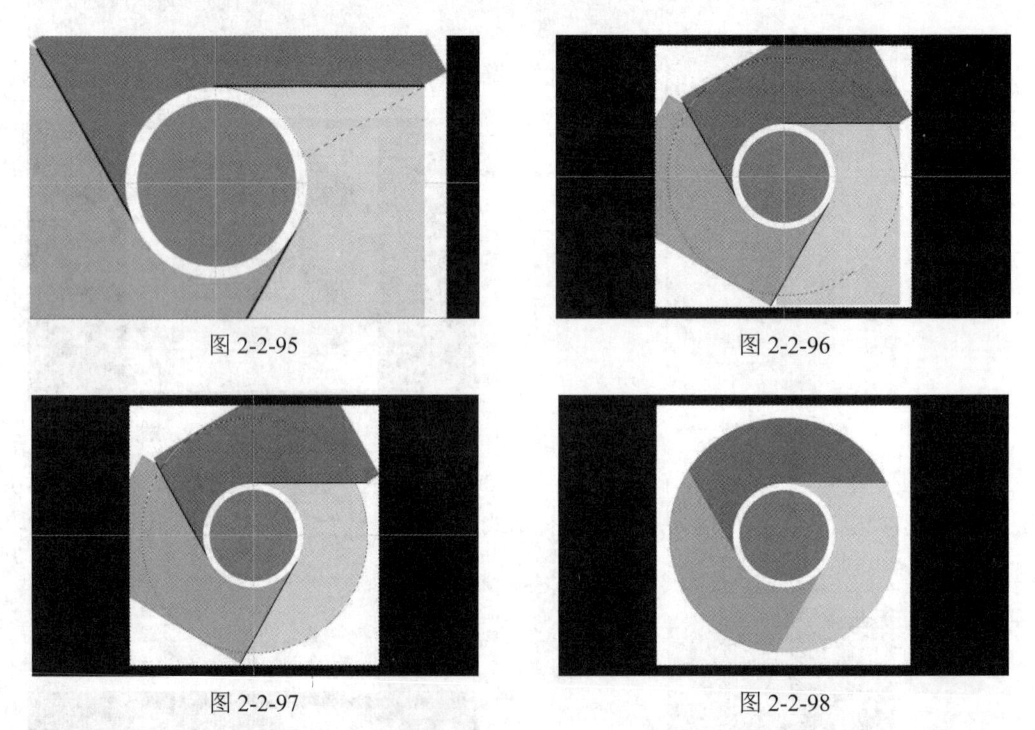

图 2-2-95

图 2-2-96

图 2-2-97

图 2-2-98

【项目小结】

通过对图形绘制功能及应用技巧的学习，可快速绘制所需路径并对其进行修改和编辑，应用绘图工具绘制出系统自带的图形并为其添加丰富的视觉效果，提高图像制作效率，并能在以后的学习中举一反三，灵活运用本案例中的相关工具。

【思考题】

1．Photoshop CC 中的路径如何定义？

2．Photoshop CC 中绘制直线的方式有哪几种？

3．简述 Photoshop CC 中绘图工具的使用方法。

项目 3　调整图像的色彩与色调知识详解

【项目导读】

本项目主要介绍调整图像色彩与色调的方法和技巧。通过本项目的学习，可以根据不同的需要，应用多种调整命令对图像的色彩或色调进行细微的调整，还可以对图像进行特殊颜色处理。

【项目目标】

学习目标：掌握调整图像颜色的方法和技巧
运用命令对图像进行特殊颜色处理
重　　点：掌握色阶、亮度/对比度、自动对比度、色彩平衡、反相的使用方法
掌握图像变化、自动颜色、色调均化的处理技巧
难　　点：掌握图像自动色调、渐变映射、阴影/高光、色相/饱和度的处理技巧
掌握图像可选颜色、曝光度、照片滤镜、特殊颜色处理的处理技巧
掌握图像去色、阈值、色调分离、替换颜色的处理技巧
掌握通道混合器、匹配颜色的处理技巧

【知识链接】

知识 3.1　调整图像颜色

3.1.1　亮度/对比度

“亮度/对比度”命令可以用来调节图像的亮度和对比度。原始图像效果如图 2-3-1 所示。选择“图像”→“调整”→“亮度/对比度”命令，弹出“亮度/对比度”对话框，如图 2-3-2 所示。在对话框中，可以通过拖曳亮度和对比度滑块来调整图像的亮度或对比度，单击“确定”按钮，调整后的图像效果如图 2-3-3 所示。“亮度/对比度”命令调整的是整个图像的色彩。

图 2-3-1

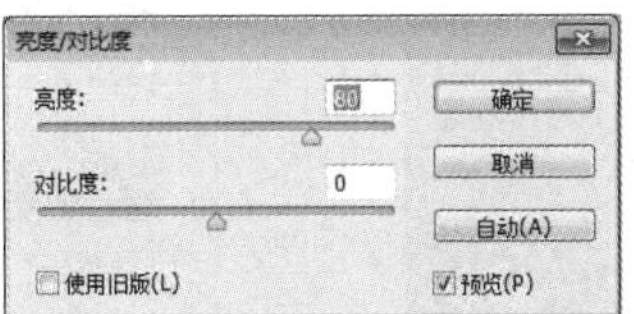

图 2-3-2

图 2-3-3

3.1.2 变化

“变化”命令用于调整图像的色彩。选择“图像”→“调整”→“变化”命令，弹出“变化”对话框，如图 2-3-4 所示。在对话框中，上方中间的 4 个单选按钮可以控制图像色彩的改变范围；下方的滑块用于设置调整的等级；左上方的两幅图像显示的是图像的原始效果和调整后的效果；左下方区域是 7 幅小图像，可以选择增加不同的颜色效果，调整图像的亮度、饱和度等色彩值；右侧区域是 3 幅小图像，用于调整图像的亮度；勾选“显示修剪”复选项，在图像色彩调整超出色彩空间时显示超色域。

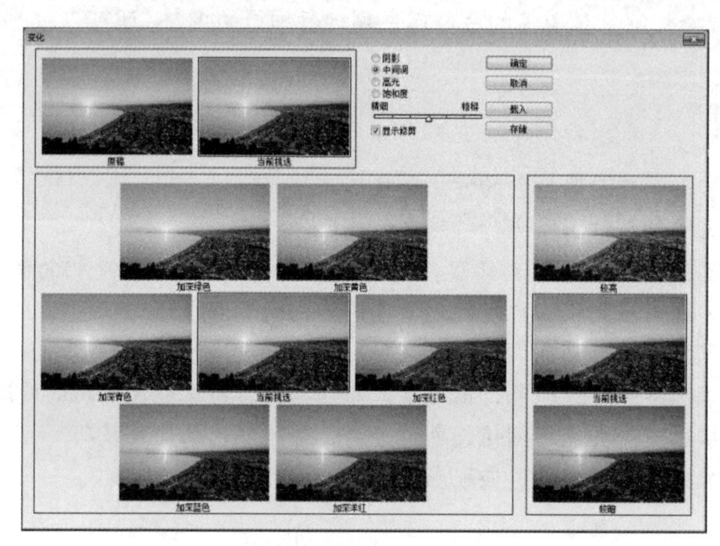

图 2-3-4

3.1.3 色阶

色阶命令用于调整图像的对比度、饱和度和灰度。打开一幅图像，如图 2-3-5 所示。选择“图像”→“调整”→“色阶”命令或按 Ctrl+L 组合键，弹出“色阶”对话框，如图 2-3-6 所示。

图 2-3-5

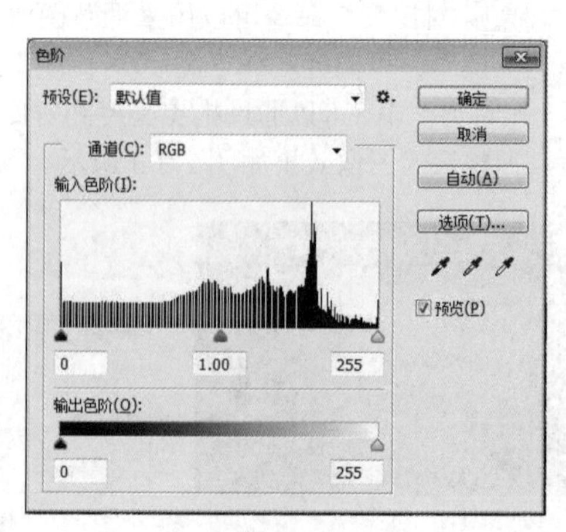

图 2-3-6

对话框中间是一个直方图，其横坐标范围为0～255，表示亮度值；纵坐标为图像的像素数。

通道：可以从下拉列表框中选择不同的颜色通道来调整图像，如果想选择两个以上的色彩通道，要先在“通道”控制面板中选择所需要的通道，再调出“色阶”对话框。

输入色阶：控制图像选定区域的最暗和最亮色彩，通过输入数值或拖曳三角形滑块来调整图像。左侧的数值框和黑色滑块用于调整黑色，图像中低于该亮度值的所有像素将变为黑色。中间的数值框和灰色滑块用于调整灰度，其数值范围为0.1～9.99，1.00为中性灰度，数值大于1.00时将降低图像中间灰度，数值小于1.00时将提高图像中间灰度。右侧的数值框和白色滑块用于调整白色，图像中高于该亮度值的所有像素将变为白色。

调整“输入色阶”区域中的3个滑块后图像产生的不同色彩效果如图2-3-7所示。

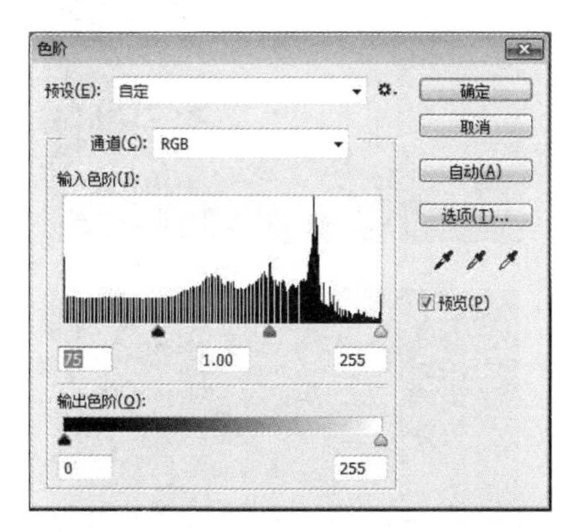

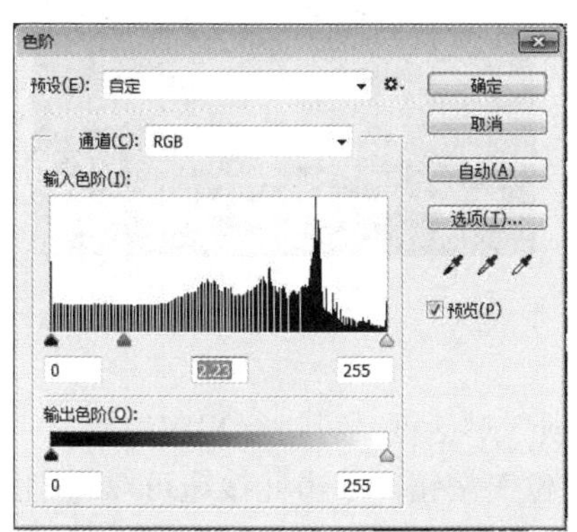

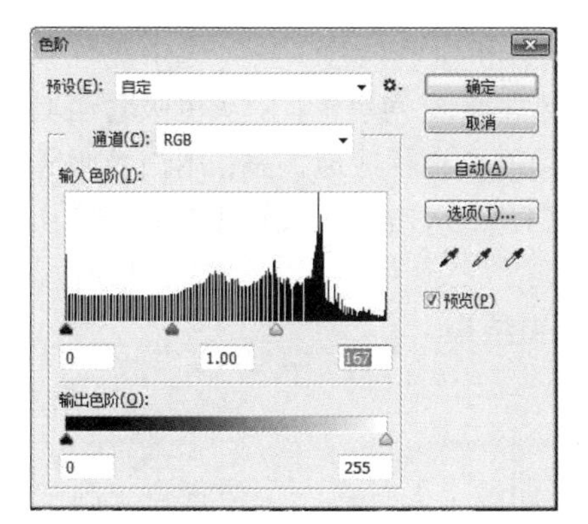

图2-3-7

输出色阶：可以通过输入数值或拖曳三角形滑块来控制图像的亮度范围（左侧数值框和左侧黑色滑块用于调整图像最暗像素的亮度，右侧数值框和右侧白色滑块用于调整图像最亮像素的亮度），输出色阶的调整将增加图像的灰度，降低图像的对比度。

调整“输出色阶”区域中的 2 个滑块后图像产生的不同色彩效果如图 2-3-8 所示。

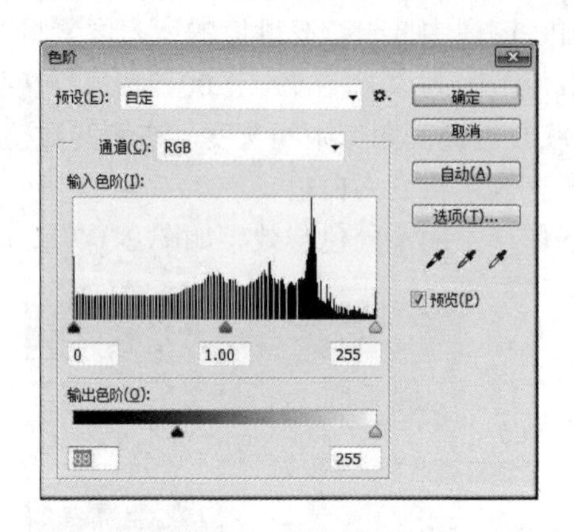

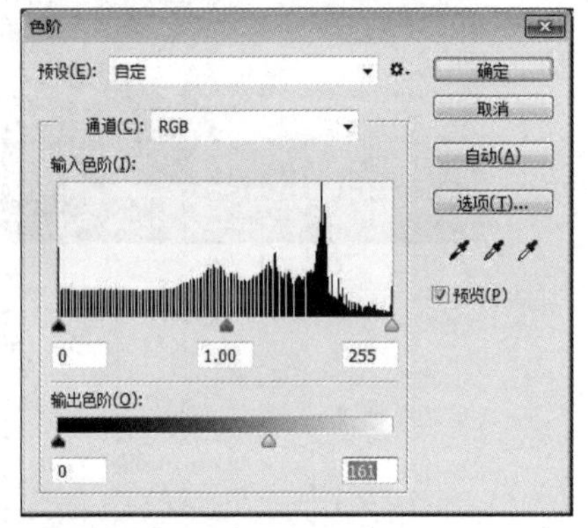

图 2-3-8

自动：可自动调整图像并设置层次。

选项：单击此按钮，弹出“自动颜色校正选项”对话框，可进行相应设置。

取消：按住 Alt 键，“取消”按钮转换为“复位”按钮，单击此按钮可以将刚刚调整过的色阶复位还原，然后重新进行设置。

：分别为黑色吸管工具、灰色吸管工具和白色吸管工具。选中黑色吸管工具，用鼠标在图像中单击，图像中暗于单击点的所有像素都会变为黑色；用灰色吸管工具在图像中单击，单击点的像素都会变为灰色，图像中的其他颜色也会相应地调整；用白色吸管工具在图像中单击，图像中亮于单击点的所有像素都会变为白色。双击任一吸管工具，在弹出的颜色选择对话框中可以设置吸管颜色。

预览：勾选此复选项可以即时显示图像的调整结果。

3.1.4 曲线

选择“曲线”命令，可以通过调整图像色彩曲线上的任意一个像素点来改变图像的色彩范围。打开一幅图像，选择“图像”→“调整”→“曲线”命令或按 Ctrl+M 组合键，弹出“曲线”对话框，如图 2-3-9 所示。将鼠标指针移到图像中并单击，如图 2-3-10 所示，“曲线”对话框的图表中会出现一个小圆圈，它表示刚才在图像中单击处的像素数值，效果如图 2-3-11 所示。

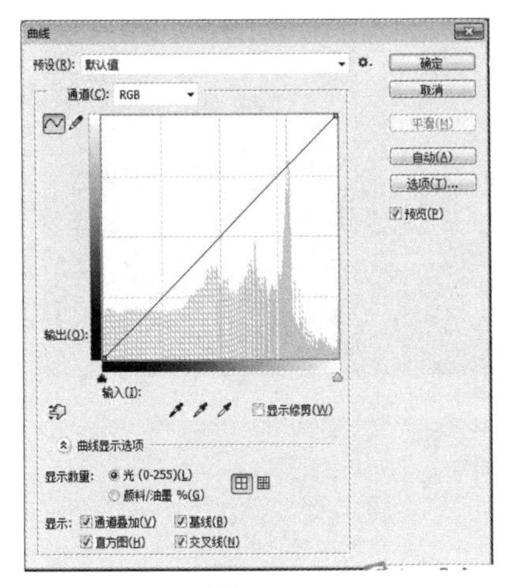

图 2-3-9

图 2-3-10

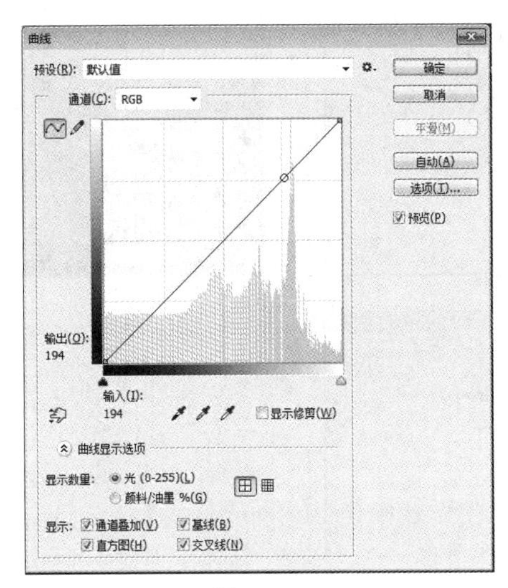

图 2-3-11

在对话框中，“通道”选项可以用来选择调整图像的颜色通道。

图表中的 X 轴为色彩的输入值，Y 轴为色彩的输出值。曲线代表输入和输出色阶的关系。

“绘制曲线”工具，在默认状态下使用的是工具，使用它在图表曲线上单击可以增加控制点，按住鼠标左键拖曳控制点可以改变曲线的形状，拖曳控制点到图表外将删除控制点。使用工具可以在图表中绘制出任意曲线，单击右侧的“平滑”按钮可使曲线变得平滑。按住 Shift 键，使用工具可以绘制出直线。

输入和输出数值显示的是图表中光标所在位置的亮度值。

单击“自动”按钮可自动调整图像的亮度。

调整曲线后的图像效果如图 2-3-12 所示。

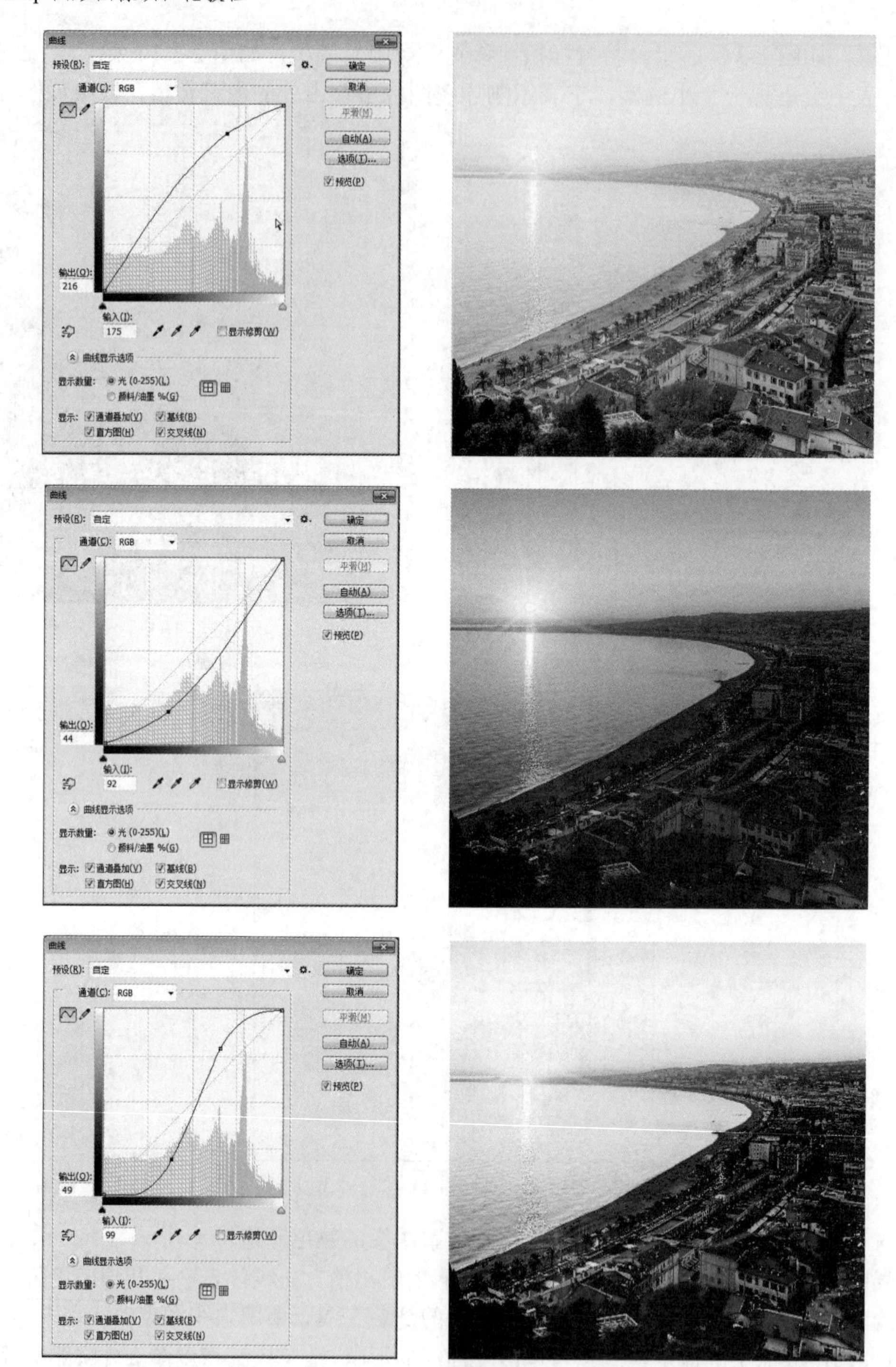

图 2-3-12

3.1.5 曝光度

原始图像效果如图 2-3-13 所示。选择“图像”→“调整”→“曝光度”命令，弹出“曝光度”对话框。在其中进行设置，如图 2-3-14 所示，单击“确定”按钮即可调整图像的曝光度，如图 2-3-15 所示。

图 2-3-13

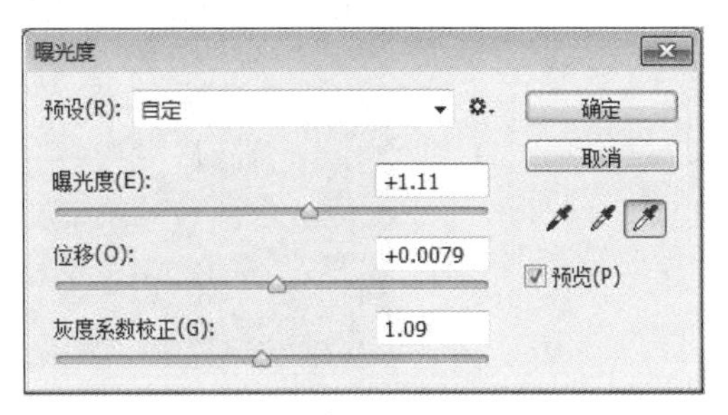

图 2-3-14

图 2-3-15

曝光度：调整色彩范围的高光端，对极限阴影的影响很轻微。

位移：使阴影和中间调变暗，对高光的影响很轻微。

灰度系数校正：使用乘方函数调整图像灰度系数。

3.1.6　色相/饱和度

通过“色相/饱和度”命令可以调节图像的色相与饱和度。原始图像效果如图 2-3-16 所示。选择“图像”→“调整”→“色相/饱和度”命令或按 Ctrl+U 组合键，弹出“色相/饱和度”对话框。在其中进行设置，如图 2-3-17 所示，单击“确定”按钮，效果如图 2-3-18 所示。

图 2-3-16

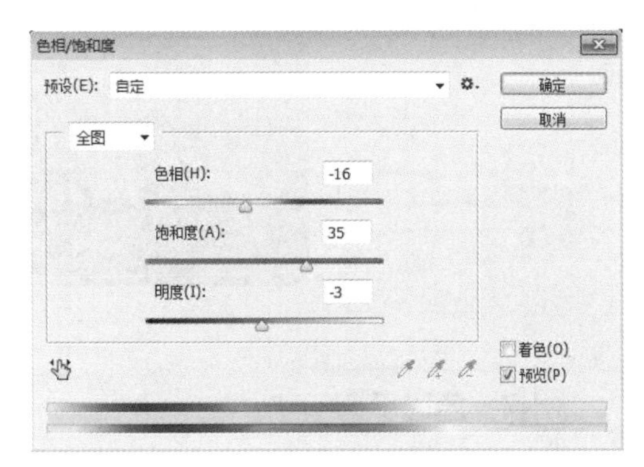

图 2-3-17

图 2-3-18

全图：用于选择要调整的色彩范围，可以通过拖曳各选项中的滑块来调整图像的色相、饱和度和明度。

着色：用于在由灰度模式转化而来的色彩模式图像中添加需要的颜色。

原始图像效果如图 2-3-19 所示，在“色相/饱和度”对话框中进行设置，勾选“着色”复选项，如图 2-3-20 所示，单击“确定”按钮后图像效果如图 2-3-21 所示。

图 2-3-19

图 2-3-20

图 2-3-21

3.1.7 色彩平衡

“色彩平衡”命令用于调节图像的色彩平衡度。选择“图像”→“调整”→“色彩平衡”

命令或按 Ctrl+B 组合键，弹出“色彩平衡”对话框，如图 2-3-22 所示。

图 2-3-22

色彩平衡：用于添加过渡色来平衡色彩效果，拖曳滑块可以调整整个图像的色彩，也可以在“色阶”选项的数值框中直接输入数值来调整图像的色彩。

色调平衡：用于选取图像的阴影、中间调和高光。

保持明度：用于保持原图像的亮度。

设置不同的色彩平衡后的图像效果如图 2-3-23 所示。

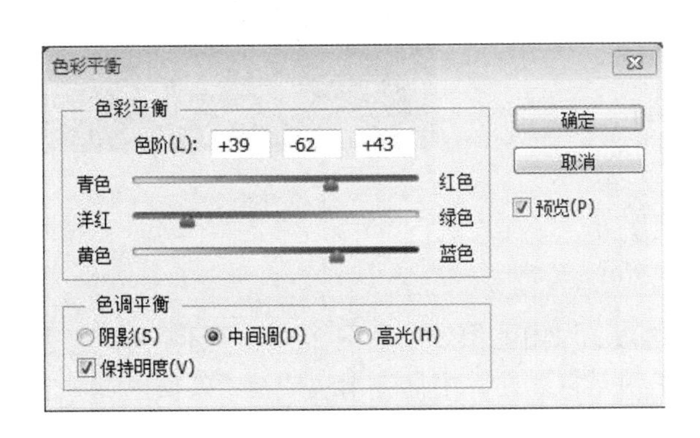

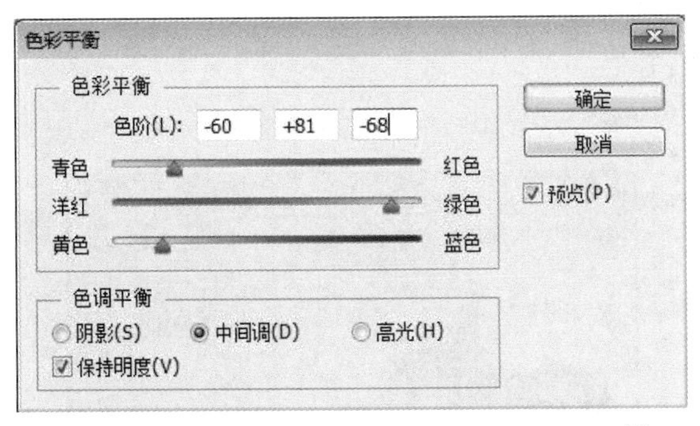

图 2-3-23

知识 3.2　对图像进行特殊颜色处理

3.2.1　去色

“去色”命令用于去除图像中的颜色。选择“图像”→“调整”→“去色”命令或按 Shift+Ctrl+U 组合键，可以去掉图像中的色彩，使图像变为灰度图，但图像的色彩模式并不改变。通过“去色”命令可以对选区中的图像进行去掉色彩的处理。

3.2.2　反相

选择“图像”→“调整”→“反相”命令或按 Ctrl+1 组合键，可以将图像或选区中的像素反转为其补色，使其出现底片效果。不同色彩模式图像反相后的效果如图 2-3-24 所示。

图 2-3-24

3.2.3　阈值

“阈值”命令可以用来提高图像色调的反差度。原始图像效果如图 2-3-25 所示。选择“图像”→“调整”→“阈值”命令，弹出“阈值”对话框。在其中拖曳滑块或在“阈值色阶”选项的数值框中输入数值可以改变图像的阈值，系统将大于阈值的像素变为白色，小于阈值的像素变为黑色，使图像具有高度反差，如图 2-3-26 所示，单击“确定”按钮，图像效果如图 2-3-27 所示。

图 2-3-25

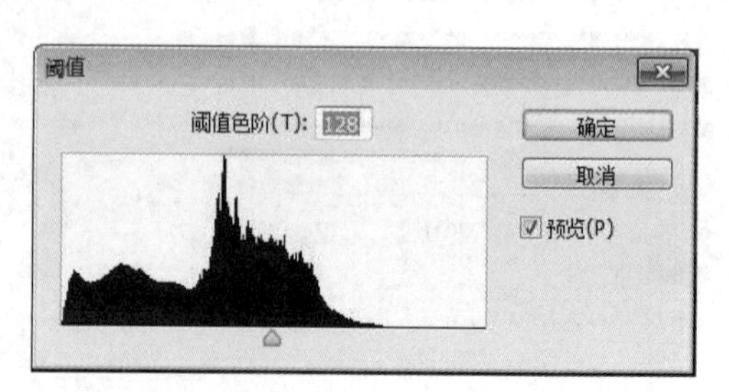

图 2-3-26

图 2-3-27

【任务挑战】

任务 1　摄影照片色彩调整

任务目标：学会调整工具的基本使用方法，熟练应用亮度/对比度、变化、色阶、曲线、色相/饱和度等命令调整图像的颜色。

知识要点：合理使用各类调整工具优化图像色彩，效果如图 2-3-28 所示。

原图

调整后的效果

图 2-3-28

实施步骤：

（1）使用“亮度/对比度”命令调整画面

选择“图像”→“调整”→“亮度/对比度”命令，设置“亮度”为 20，“对比度”为 10，效果如图 2-3-29 所示。

图 2-3-29

（2）使用“色阶”命令调整画面。

选择“图像”→“调整”→“色阶”命令，设置“红色”为 1.1，“绿色”为 1，“蓝色”为 0.7，如图 2-3-30 所示，效果如图 2-3-31 所示。

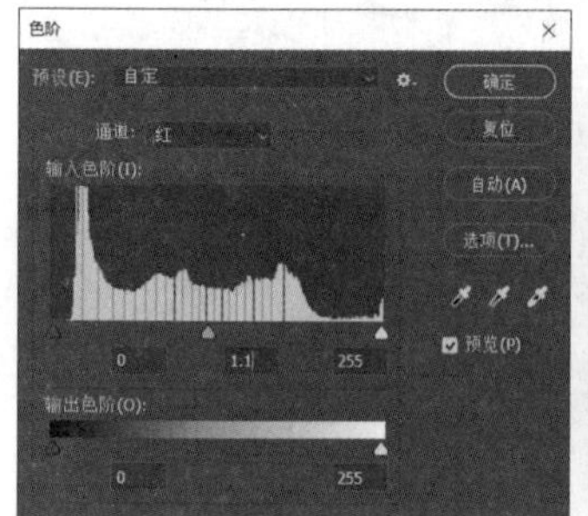

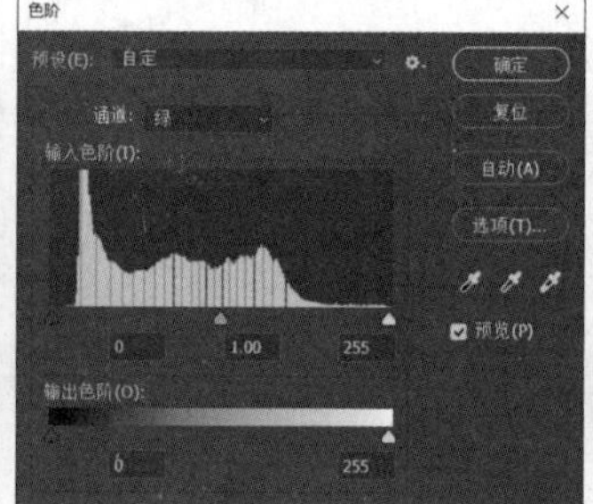

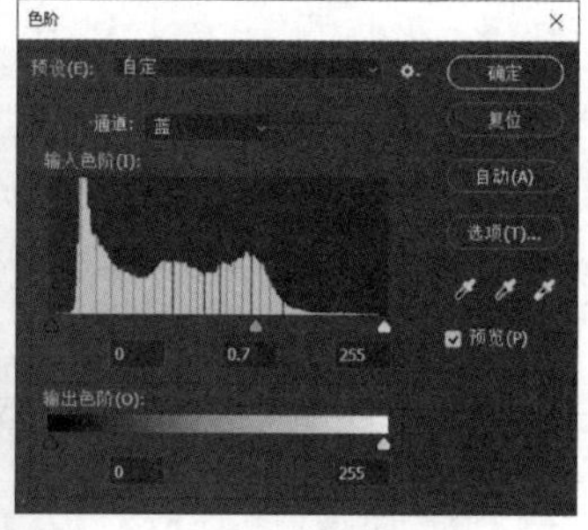

图 2-3-30

图 2-3-31

（3）使用“曲线”命令调整画面。

选择“图像”→“调整”→“曲线”命令，调整高光部分、中间光部分和暗光部分，效果如图 2-3-32 所示。

图 2-3-32

最后使用调整工具调整画面效果，根据个人计算机显色情况自行调整出和谐的画面，最终效果如图 2-3-33 所示。

图 2-3-33

任务 2　树林夏天变秋天

学习目标：学会调整工具的基本使用方法，熟练应用色相/饱和度、色彩平衡等命令调整图像的颜色。

知识要点：合理使用各类调整工具优化图像色彩，效果如图 2-3-34 所示。

原图

调整后的效果

图 2-3-34

实施步骤：

（1）打开素材图片。

按 Ctrl+O 组合键打开素材图片或者直接将素材图片拖入画板中打开，效果如图 2-3-35 所示。

图 2-3-35

（2）使用“色相/饱和度”命令调整画面。

选择“图像”→“调整”→“色相/饱和度”命令，设置“色相”为-72，“饱和度”为 21，“明度”为-5，效果如图 2-3-36 所示。

图 2-3-36

（3）使用“色彩平衡”命令调整画面。

选择“图像”→“调整”→“色彩平衡”命令，设置“色阶”为-27、-21、20，如图 2-3-37 所示，效果如图 2-3-38 所示。

图 2-3-37

图 2-3-38

任务 3　照片变成绘画

学习目标：学会调整工具的基本使用方法，熟练应用去色、反相、阈值等命令调整图像的颜色。

知识要点：合理使用各类调整工具优化图像的色彩，效果如图 2-3-39 所示。

原图

调整后的效果

图 2-3-39

实施步骤：

（1）打开素材图片。

按 Ctrl+O 组合键打开素材图片或者直接将素材图片拖入画板中打开，效果如图 2-3-40 所示。

图 2-3-40

（2）使用“去色”命令调整画面。

选择“图像”→“调整”→“去色命令，调整该图片为黑白色，效果图 2-3-41 所示。

图 2-3-41

（3）使用“反相”命令调整画面。

选择“图像”→“调整”→“反相命令，效果如图 2-3-42 所示。

图 2-3-42

（4）使用“阈值”命令调整画面。

选择“图像”→“调整”→“阈值”命令，设置“阈值色阶”为 195，如图 2-3-43 所示，效果如图 2-3-44 所示。

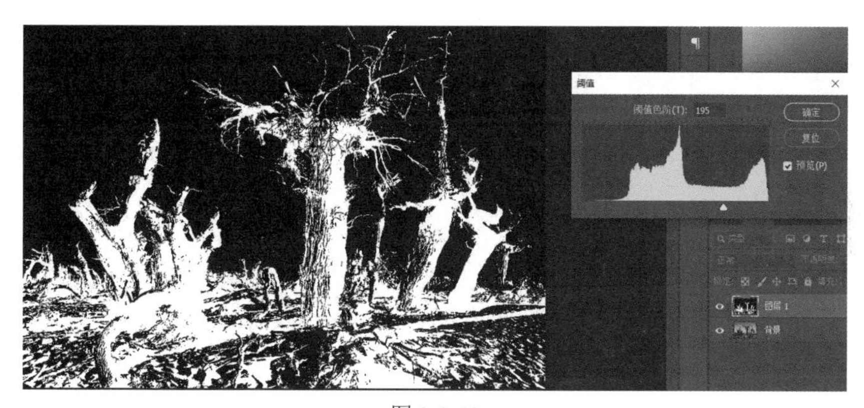

图 2-3-43

图 2-3-44

【项目小结】

通过对调整图像色彩与色调方法和技巧的学习，可根据不同的需要应用多种调整命令对图像的色彩或色调进行细微调整，对图像进行特殊颜色处理，并能在以后的学习中举一反三，灵活运用本案例中的相关工具。

【思考题】

1．Photoshop CC 中的哪些命令可以调整图像的颜色？

2．分别说出 Photoshop CC 中色阶、曲线、色相/饱和度的快捷键。

3．在 Photoshop CC 中可以应用哪些命令对图像进行特殊颜色处理？

项目 4　应用文字与图层知识详解

【项目导读】

本项目主要介绍 Photoshop CC 中文字与图层的应用技巧。图层在 Photoshop CC 中有着举足轻重的作用。只有熟练掌握了图层的概念和操作，才有可能成为真正的 Photoshop CC 高手。通过本项目的学习，可以快速掌握文字的输入方法、变形文字的设置、路径文字的制作以及应用图层制作出多变图像效果的技巧。

【项目目标】

学习目标：掌握文本的输入与编辑方法
掌握创建变形文字和路径文字的方法
了解图层的基础知识
重　　点：掌握图层样式的应用
掌握用图层蒙版编辑图像的方法
掌握剪贴蒙版的应用
难　　点：掌握新建填充和调整图层的方法
掌握用图层的混合模式编辑图像的方法

【知识链接】

知识 4.1　文本的输入与编辑

4.1.1　输入水平、垂直文字

应用“文字”工具输入文字，并使用字符控制面板对文字进行调整。选择“横排文字”工具T或按 T 键，属性栏如图 2-4-1 所示。

图 2-4-1

更改文本方向：用于选择文字输入的方向。

：用于设置文字的字体及属性。

：用于设置字体的大小。

：用于消除文字的锯齿，包括无、锐利、犀利、浑厚和平滑 5 个选项。

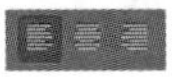

：用于设置文字的段落格式，分别为左对齐、居中对齐和右对齐。

：用于设置文字的颜色。

“创建文字变形”按钮：用于对文字进行变形操作。

“切换字符和段落面板”按钮：用于打开“段落”和“字符”控制面板。

“取消所有当前编辑”按钮：用于取消对文字的操作。

“提交所有当前编辑”按钮：用于确定对文字的操作。

选择“直排文字”工具，可以在图像中输入垂直文本，直排文本工具属性栏和横排工具属性栏的功能基本相同。

4.1.2 输入段落文字

建立段落文字图层就是以段落文字框的方式建立文字图层。

将“横排文字”工具移动到图像窗口中，鼠标指针变为形状。此时按住鼠标左键不放，拖曳鼠标在图像窗口中创建一个段落定界框，如图 2-4-2 所示。插入点显示在定界框的左上角，段落定界框具有自动换行的功能，如果输入的文字较多，则当文字遇到定界框时会自动换到下一行显示，效果如图 2-4-3 所示。如果输入的文字需要分段落，可以按 Enter 键进行操作。还可以对定界框进行旋转、拉伸等操作。

图 2-4-2

图 2-4-3

4.1.3 栅格化文字

“图层”控制面板中文字图层的效果如图 2-4-4 所示。选择“图层”→“栅格化”→“文字”命令，可以将文字图层转换为图像图层，如图 2-4-5 所示。也可以右击文字图层，在弹出的快捷菜单中选择“栅格化文字”选项。

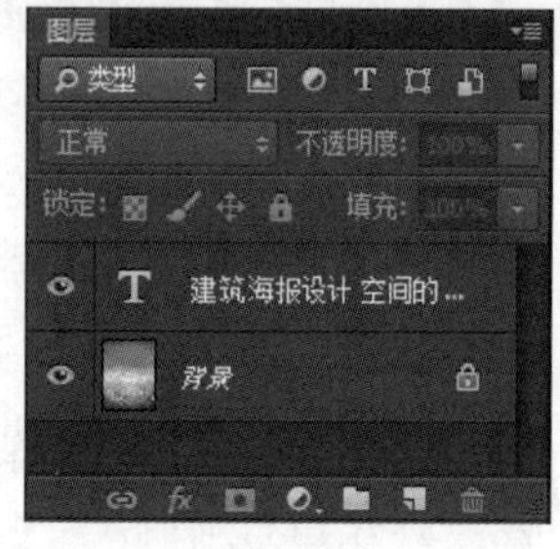

图 2-4-4

图 2-4-5

4.1.4　载入文字选区

通过文字工具在图像窗口中输入文字后，在“图层”控制面板中会自动生成文字图层。如果需要文字的选区，可以将此文字图层载入选区。按住 Ctrl 键的同时单击文字图层的缩览图即可载入文字选区。

知识 4.2　创建变形文字和路径文字

在 Photoshop CC 中，应用创建变形文字和路径文字命令可以制作出各式各样的文字变形。

4.2.1　变形文字

应用“变形文字”对话框可以将文字进行多种样式的变形，如扇形、旗帜、波浪、膨胀、扭转等。

1. 制作扭曲变形文字

根据需要可以对文字进行各种变形。在图像中输入文字，如图 2-4-6 所示。单击文字工具属性栏中的“创建文字变形”按钮，弹出“变形文字”对话框，如图 2-4-7 所示。在“样式”选项的下拉列表框中有多种文字的变形效果，如图 2-4-8 所示。

图 2-4-6

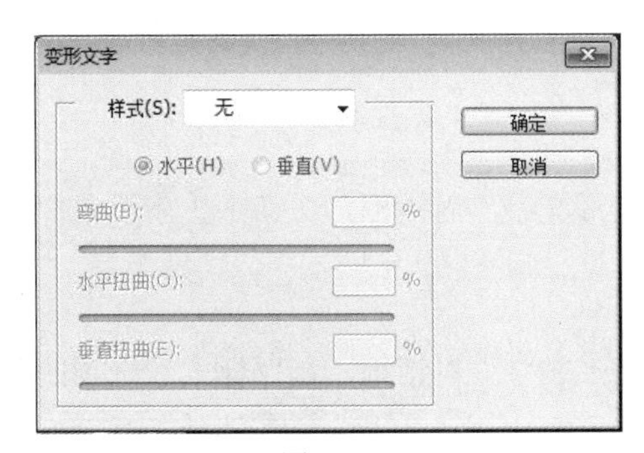

图 2-4-7

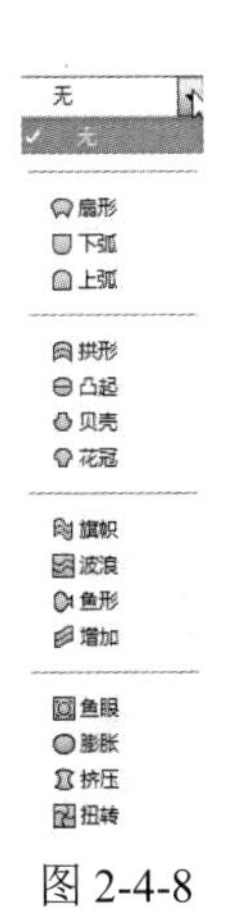

图 2-4-8

各种文字变形效果如图 2-4-9 所示。

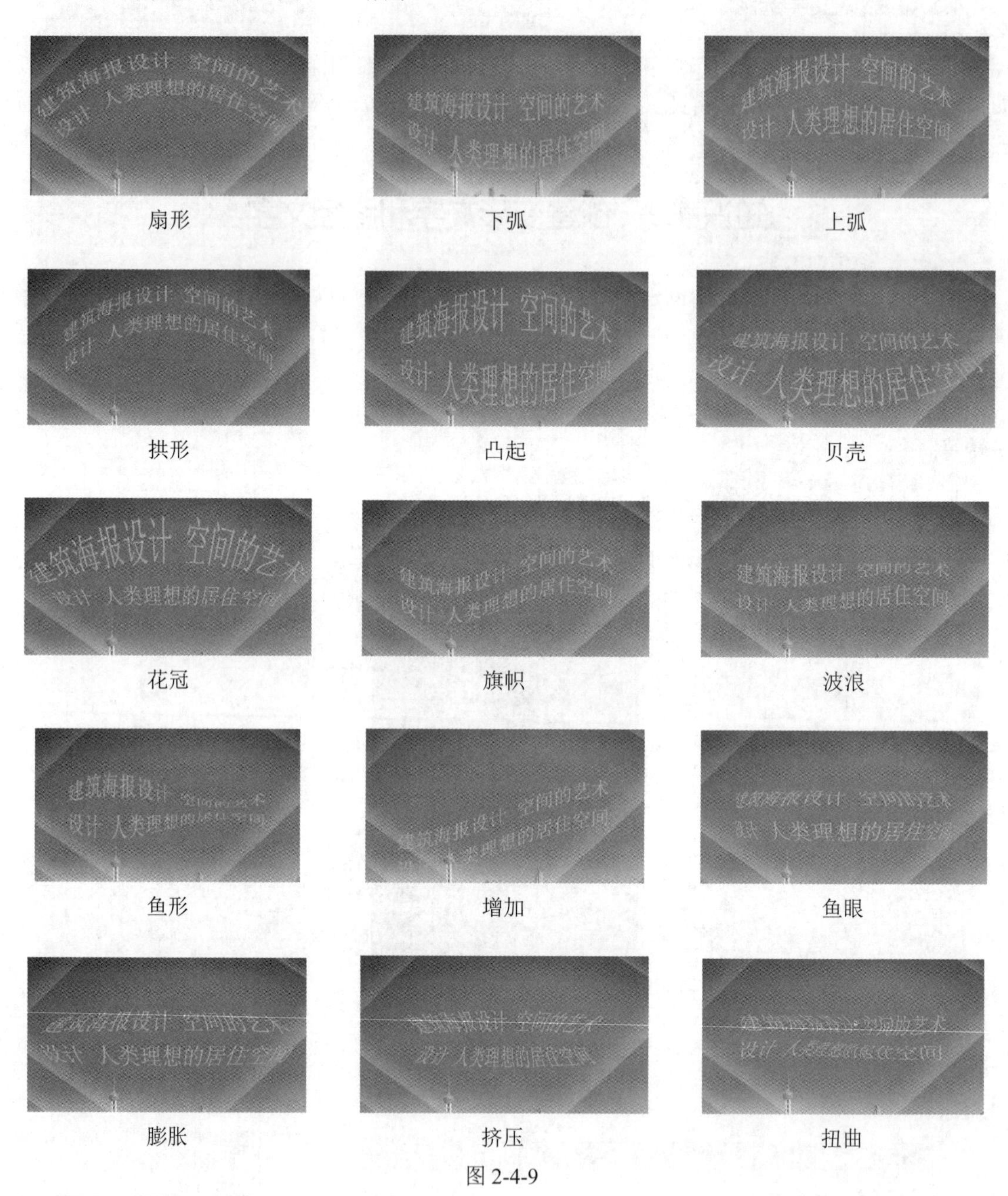

图 2-4-9

2. 设置变形选项

如果要修改文字的变形效果，可以调出“变形文字”对话框，在其中重新设置样式或更改当前应用样式的数值。

3. 取消文字变形效果

如果要取消文字的变形效果，可以调出“变形文字”对话框，在”样式”选项的下拉列表框中选择“无”。

4.2.2　路径文字

可以将文字建立在路径上，并应用路径对文字进行调整。

1. *在路径上创建文字*

选择“钢笔”工具，在图像中绘制一条路径，如图 2-4-10 所示。选择“横排文字”工具，将光标放在路径上，光标将变为形状，如图 2-4-11 所示，单击路径出现闪烁的光标，此处为输入文字的起始点。输入的文字会沿着路径的形状进行排列，效果如图 2-4-12 所示。

图 2-4-10

图 2-4-11

图 2-4-12

文字输入完成后，在“路径”控制面板中会自动生成文字路径层，如图 2-4-13 所示。取消“视图”→“显示额外内容”命令的选中状态可以隐藏文字路径，如图 2-4-14 所示。

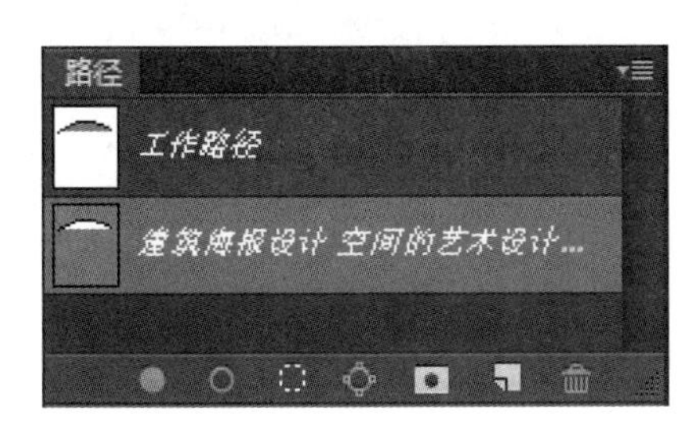

图 2-4-13

图 2-4-14

2. *在路径上移动文字*

选择“路径选择”工具，将光标放置在文字上，光标显示为形状，如图 2-4-15 所示。单击并沿着路径拖曳鼠标可以移动文字，效果如图 2-4-16 所示。

图 2-4-15

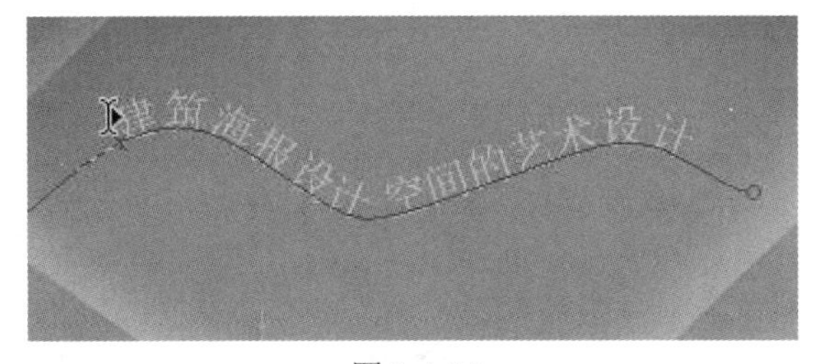

图 2-4-16

3. *在路径上翻转文字*

选择“路径选择”工具，将光标放置在文字上，光标显示为形状，如图 2-4-17 所示。将文字向路径下方拖曳可以沿路径翻转文字，效果如图 2-4-18 所示。

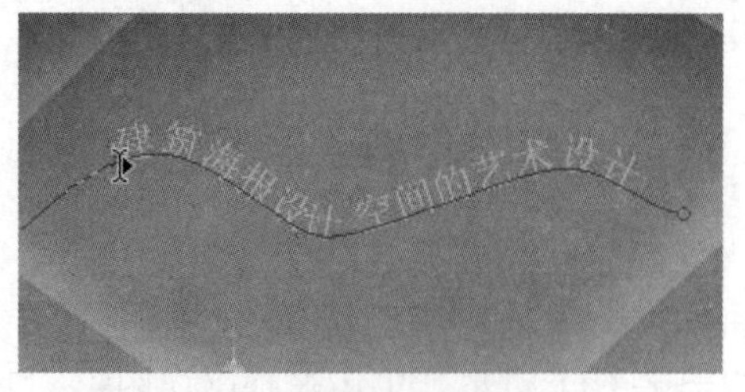

图 2-4-17

图 2-4-18

4. 修改绕排文字的路径形状

创建了路径绕排文字后，同样可以编辑文字绕排的路径。选择“直接选择”工具，在路径上单击，路径上显示出控制手柄，拖曳控制手柄修改路径的形状，如图 2-4-19 所示，文字会按照修改后的路径进行排列，效果如图 2-4-20 所示。

图 2-4-19

图 2-4-20

知识 4.3　新建填充和调整图层

应用填充图层命令可以为图像填充纯色、渐变色或图案，应用调整图层命令可以对图像的色彩与色调、混合与曝光度等进行调整。

4.3.1　使用填充图层

当需要新建填充图层时，可以选择“图层”→“新建填充图层”，级联菜单中给出填充图层的 3 种方式，如图 2-4-21 所示。选择其中的一种方式，弹出“新建图层”对话框，如图 2-4-22 所示，单击“确定”按钮，将根据选择的填充方式弹出不同的填充对话框。

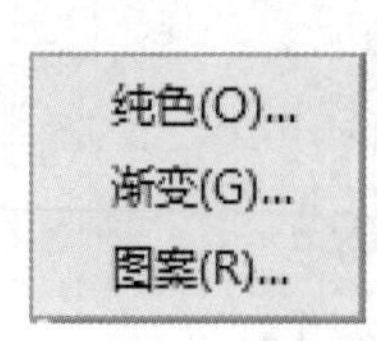

图 2-4-21

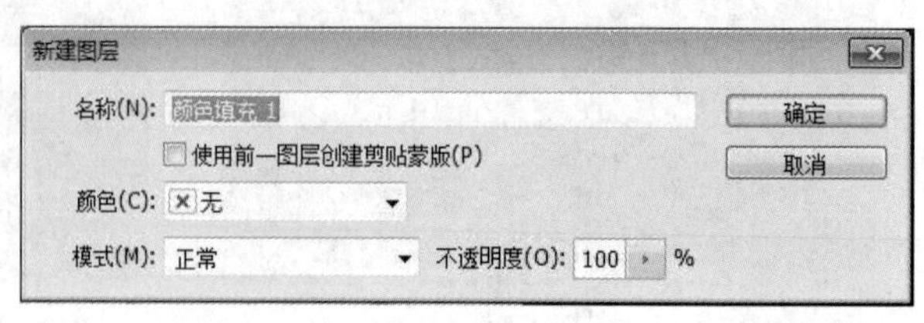

图 2-4-22

以“渐变填充”为例，如图 2-4-23 所示，单击“确定”按钮，“图层”控制面板和图像的效果如图 2-4-24 和图 2-4-25 所示。

单击“图层”控制面板下方的“创建新的填充和调整图层”按钮，可以在下拉列表中选择需要的填充方式。

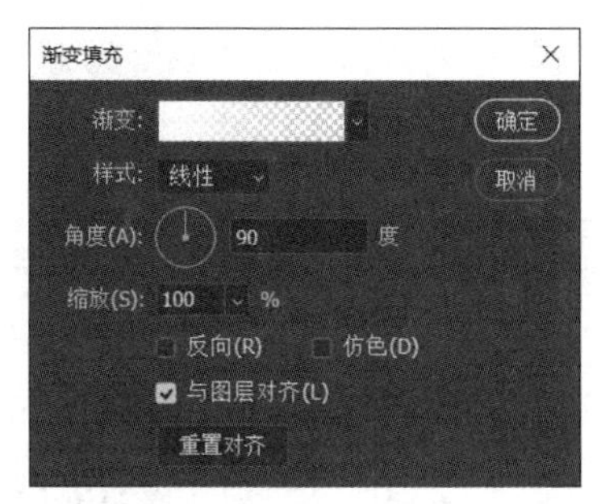

图 2-4-23

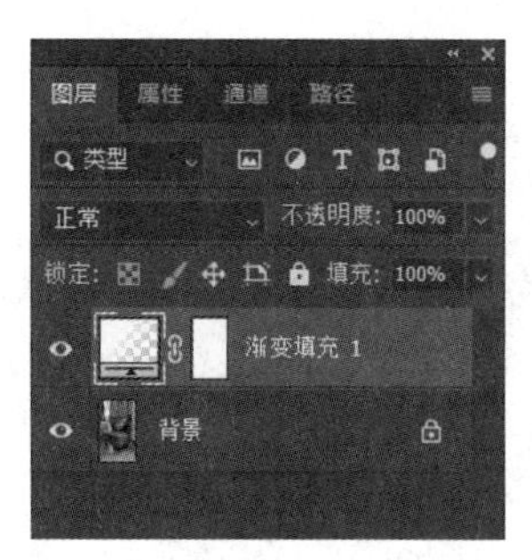

图 2-4-24

图 2-4-25

4.3.2　使用调整图层

当需要对一个或多个图层进行色彩调整时，可以选择“图层”→“新建调整图层”，级联菜单中给出调整图层的多种方式，如图 2-4-26 所示。选择其中的一种方式，弹出“新建图层”对话框，如图 2-4-27 所示。

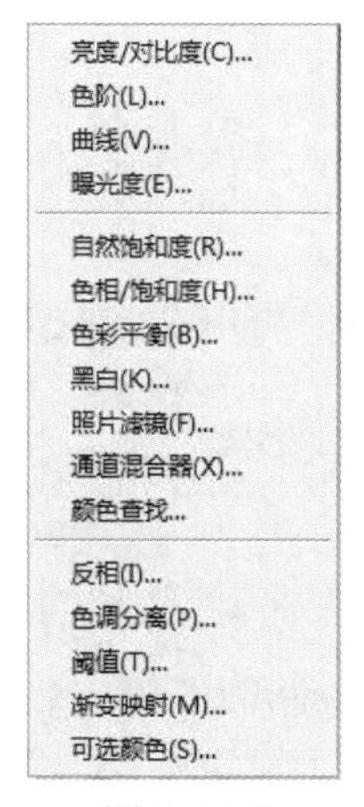

图 2-4-26

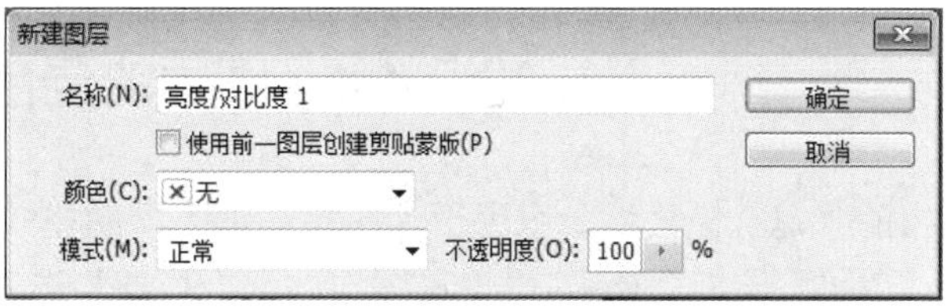

新建图层
名称(N): 亮度/对比度 1
确定
使用前一图层创建剪贴蒙版(P)
取消
颜色(C): 无
模式(M): 正常　不透明度(O): 100 %

图 2-4-27

选择不同的调整方式，将弹出不同的调整对话框，以“亮度/对比度”为例，如图 2-4-28 所示，单击“确定”按钮，“图层”控制面板和图像的效果如图 2-4-29 和图 2-4-30 所示。

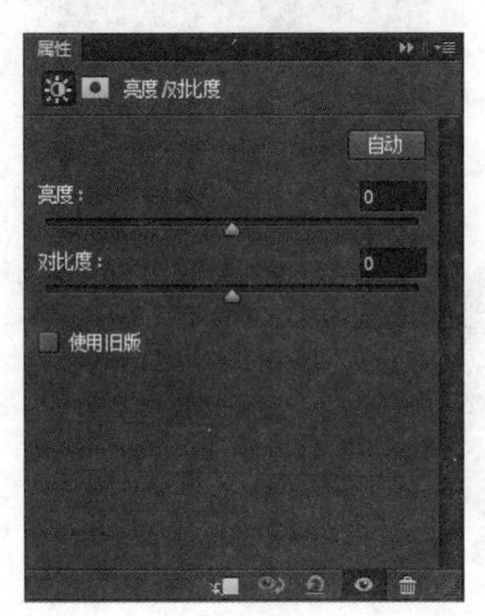

图 2-4-28

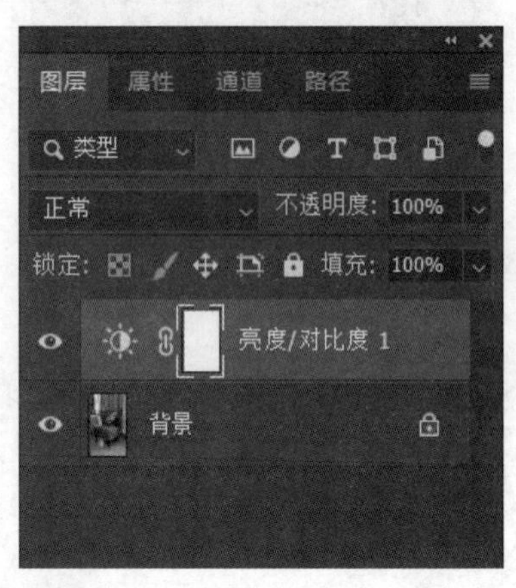

图 2-4-29

图 2-4-30

单击“图层”控制面板下方的“创建新的填充或调整图层”按钮，可以在下拉列表中选择需要的调整方式。

知识 4.4　图层的混合模式

图层的“混合模式”命令用于为图层添加不同的模式，使图像产生不同的效果。

在“图层”控制面板中，“设置图层的混合模式”选项正常用于设定图层的混合模式，其中有 27 种模式。

打开一幅图像，如图 2-4-31 所示，其“图层”控制面板如图 2-4-32 所示。

图 2-4-31

图 2-4-32

对图层应用不同的混合模式，图像效果如图 2-4-33 所示。

正常

溶解

变暗

正片叠加

颜色加深

线性加深

线性减淡

深色

变亮

滤色

颜色减淡

浅色

图 2-4-33

叠加 　　柔光 　　强光 　　亮光

线性光 　　点光 　　实色混合 　　差值

排除 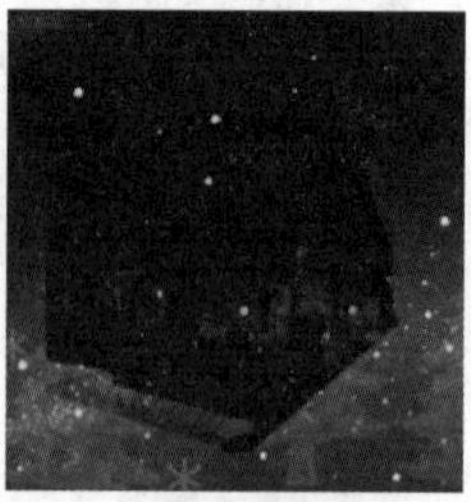　　减去 　　划分 　　色相

饱和度

颜色

明度

图 2-4-33（续）

知识 4.5　图层样式

Photoshop CC 提供了多种图层样式的添加方式，可以单独为图像添加一种样式，也可以同时为图像添加多种样式。应用图层样式命令可以为图像添加投影、外发光、斜面、浮雕等效果，制作特殊效果的文字和图形。

4.5.1 图层样式

单击“图层”控制面板下方的“添加图层样式”按钮fx，在下拉列表中选择不同的图层样式命令，生成的效果如图 2-4-34 所示。

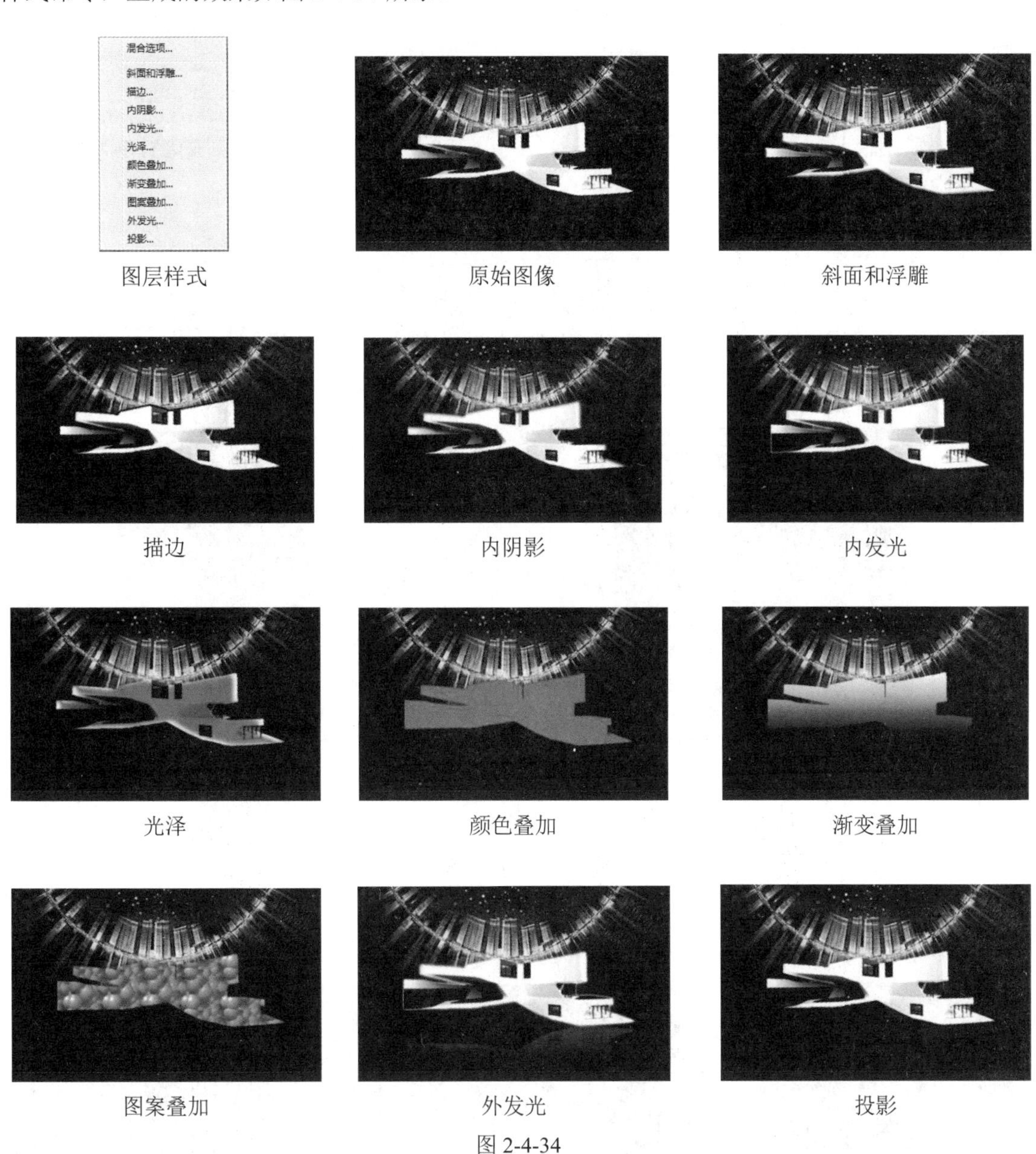

图层样式　原始图像　斜面和浮雕

描边　内阴影　内发光

光泽　颜色叠加　渐变叠加

图案叠加　外发光　投影

图 2-4-34

4.5.2 拷贝和粘贴图层样式

“拷贝图层样式”和“粘贴图层样式”命令是对多个图层应用相同样式效果的快捷方式。右击要拷贝样式的图层，在弹出的快捷菜单中选择“拷贝图层样式”选项，再选择要粘贴样式的图层并右击，在弹出的快捷菜单中选择“粘贴图层样式”选项。

4.5.3 清除图层样式

当对图像所应用的样式不满意时，可以对样式进行清除，方法是选中要清除样式的图层并右击，在弹出的快捷菜单中单击“清除样式”按钮。

知识 4.6 图层蒙版

在编辑图像时，可以为某一图层或多个图层添加蒙版，并对添加的蒙版进行编辑、隐藏、链接删除等操作。

4.6.1 添加图层蒙版

单击“图层”控制面板下方的“添加图层蒙版”按钮可以创建一个图层蒙版，如图 2-4-35 所示。按住 Alt 键的同时，单击“图层”控制面板下方的“添加图层蒙版”按钮可以创建一个遮盖图层全部的蒙版，如图 2-4-36 所示。

图 2-4-35

图 2-4-36

4.6.2 编辑图层蒙版

打开图像，“图层”控制面板和图像效果如图 2-4-37 和图 2-4-38 所示。单击“图层”控制面板下方的“添加图层蒙版”按钮为图层创建蒙版，如图 2-4-39 所示。

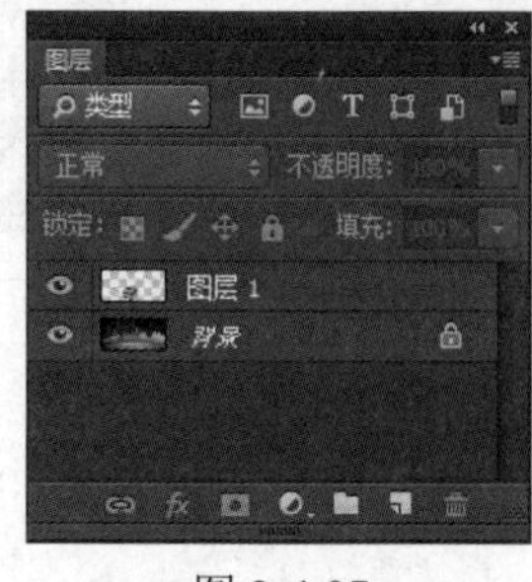

图 2-4-37

图 2-4-38

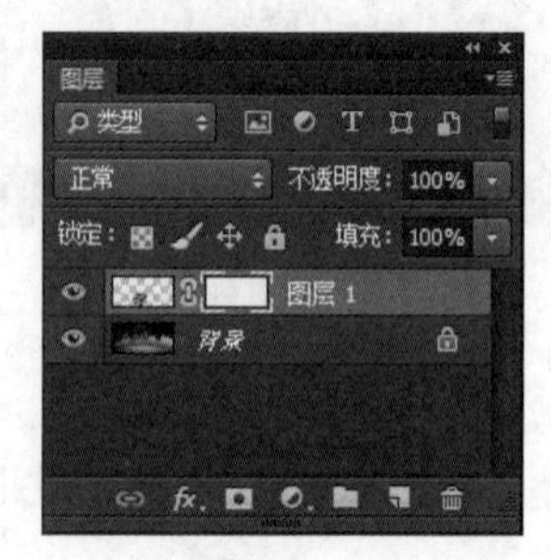

图 2-4-39

选择“画笔”工具，将前景色设置为黑色，“画笔”工具属性栏如图 2-4-40 所示，在图层的蒙版中按所需的效果进行涂抹，建筑物图像效果如图 2-4-41 所示。

图 2-4-40

图 2-4-41

在“图层”控制面板中，图层的蒙版效果如图 2-4-42 所示。选择“通道”控制面板，控制面板中显示出图层的蒙版通道，如图 2-4-43 所示。

图 2-4-42

图 2-4-43

【任务挑战】

任务 1　照片变成绘画

学习目标：学会文字工具的基本使用方法，熟练应用文字输入和编辑等命令。

知识要点：合理使用各类文字字体进行排版，效果如图 2-4-44 所示。

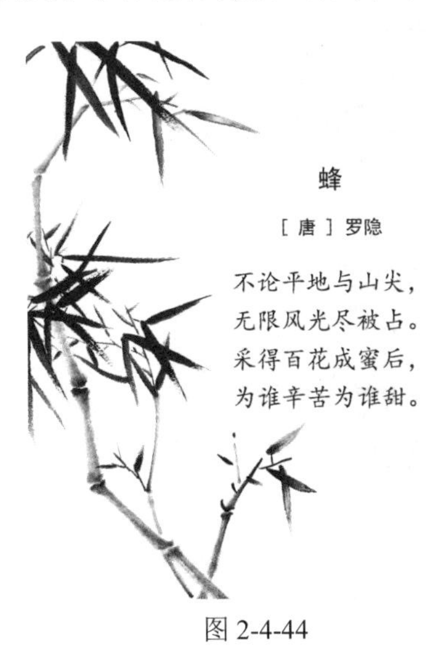

图 2-4-44

实施步骤：

（1）新建文件并导入素材。

新建文件，大小为 21 厘米×25 厘米，分辨率为 300，然后导入素材，调整好位置，效果如图 2-4-45 所示。

（2）使用“文字”工具绘制文字框。

选择“文字”工具，然后在画面的合适位置拖动，绘制出文字框，效果如图 2-4-46 所示。

图 2-4-45

图 2-4-46

（3）输入文字内容。

在文字框内输入古诗内容，标题文字使用黑体、24 号、居中对齐，诗人姓名文字使用黑体、18 号、居中对齐，古诗正文文字使用楷体、20 号、居中，如图 2-4-47 所示，然后调整版式，效果如图 2-4-48 所示。

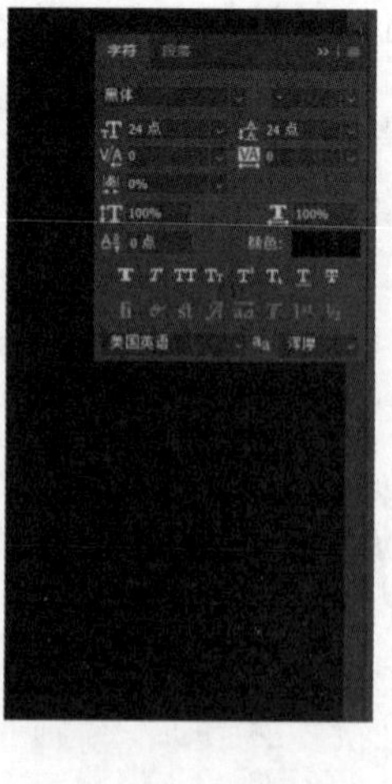

图 2-4-47

图 2-4-48

（4）调整大小与位置，最终效果如图 2-4-49 所示。

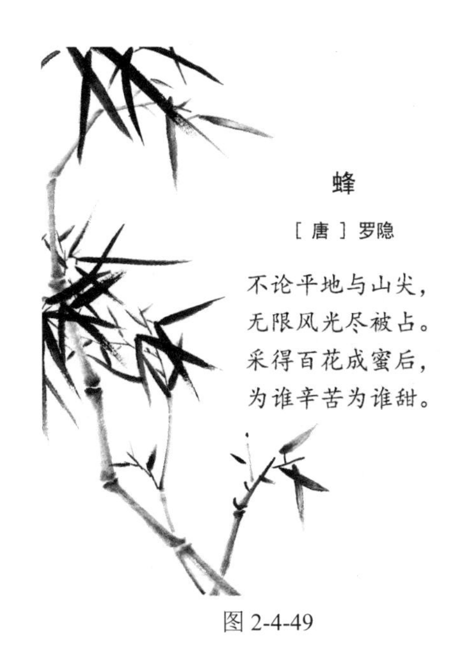

图 2-4-49

任务 2　Logo 文字设计

任务目标：学会文字工具的基本使用方法，熟练应用文字的创建、变换、路径等命令。

知识要点：合理使用各类文字字体进行 Logo 设计，效果如图 2-4-50 所示。

效果一

效果二

图 2-4-50

实施步骤：

（1）打开 Logo 素材。

将 Logo 素材拖入画板中，效果如图 2-4-51 所示。

（2）使用形状工具绘制路径。

选择形状工具中的椭圆，将形状属性改为路径，然后按住 Shift 键绘制出正圆形路径，如图 2-4-52 所示。

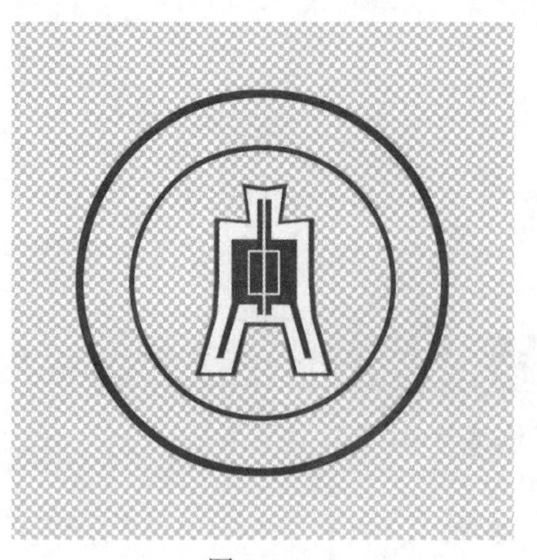
图 2-4-51

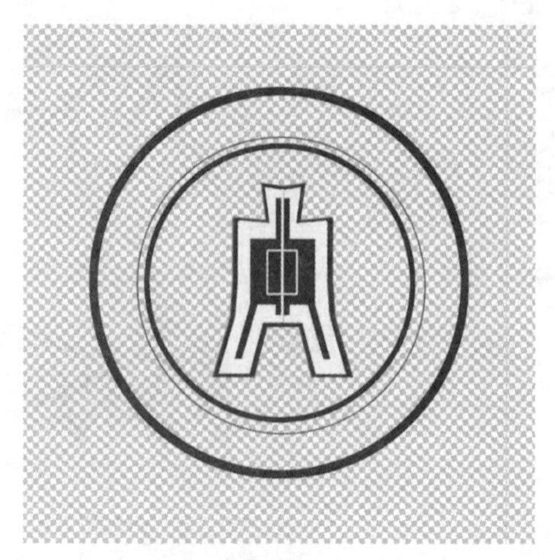
图 2-4-52

（3）输入文字内容并且调整效果。

选择“文字”工具，在路径上单击，然后输入中文文字，选择黑体，大小为 750，使用“自由变换”工具（Ctrl+T）旋转文字的位置和方向。采用同样的方式完成英文文字的输入和调整，效果如图 2-4-53 所示。最终效果如图 2-4-54 所示。

图 2-4-53

图 2-4-54

任务 3　调出风景照片绚丽的冷暖色

任务目标：使用填充图层命令为图像填充纯色、渐变色或图案，使用调整图层命令对图像的色彩与色调、混合与曝光度等进行调整。

知识要点：学会填充图层和调整图层的操作方法与技巧，调出风景照片绚丽的冷暖色，如图 2-4-55 所示。

原图

最终效果

图 2-4-55

实施步骤：

（1）创建调整图层调整画面色彩。

1）按 Ctrl+O 组合键，打开素材 01 文件，单击“图层”控制面板中的“创建新的填充图层或调整图层”按钮创建可选颜色调整图层，参数设置如图 2-4-56 至图 2-4-60 所示，效果如图 2-4-61 所示。

图 2-4-56

图 2-4-57

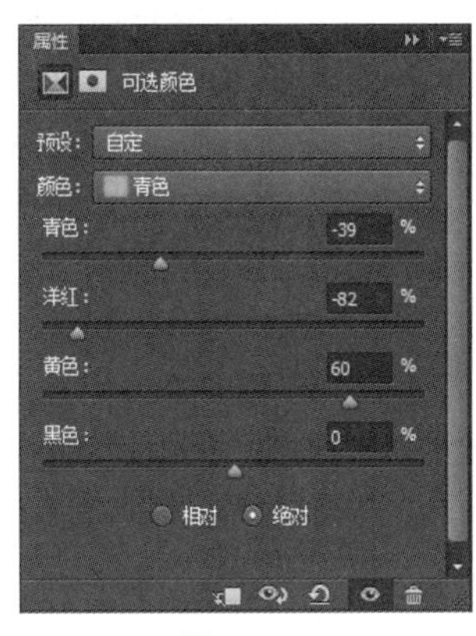

图 2-4-58

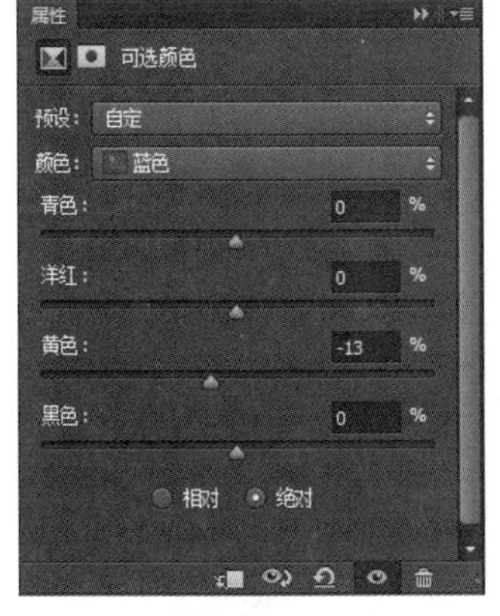

图 2-4-59

图 2-4-60

图 2-4-61

2）单击“图层”控制面板中的“创建新的填充图层或调整图层”按钮创建通道混合器调整图层，对红色和蓝色进行调整，参数设置如图 2-4-62 和图 2-4-63 所示，效果如图 2-4-64 所示。

图 2-4-62

图 2-4-63

图 2-4-64

3）单击“图层”控制面板中的“创建新的填充图层或调整图层”按钮创建可选颜色调整图层，对红色进行调整，参数设置如图 2-4-65 所示，效果如图 2-4-66 所示。

图 2-4-65

图 2-4-66

4）按 Ctrl+N 组合键新建图层，按 Ctrl+Alt+Shift+E 组合键盖印图层，选择“滤镜”→“模糊”→“高斯模糊”命令，数值设为 5，单击“确定”按钮后把图层混合模式改为“柔光”，图层不透明度改为 70%，效果如图 2-4-67 所示。

图 2-4-67

5）单击“图层”控制面板中的“创建新的填充图层或调整图层”按钮创建曲线调整图层，参数设置如图 2-4-68 至图 2-4-71 所示，效果如图 2-4-72 所示。

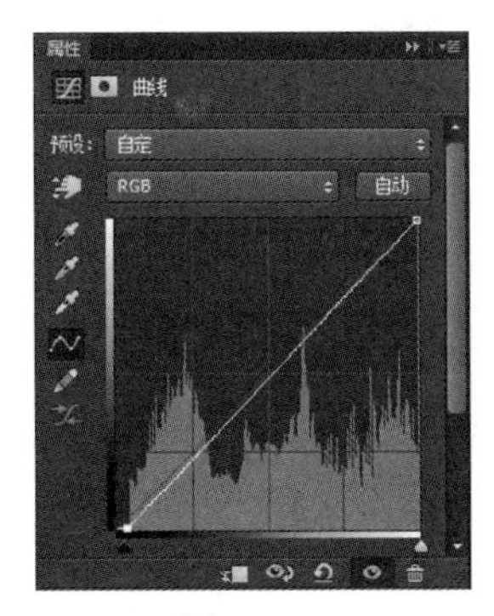

图 2-4-68

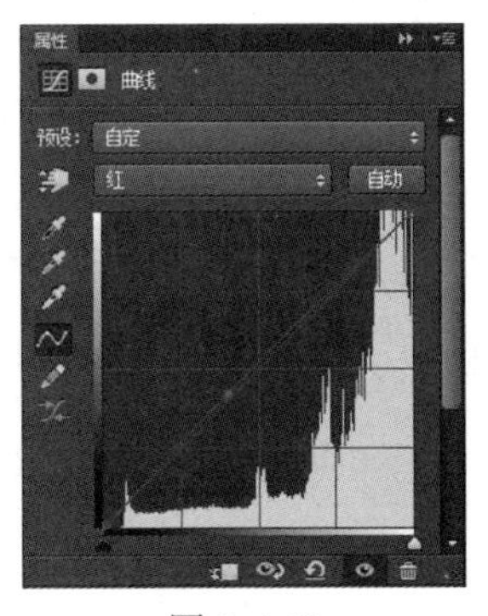

图 2-4-69

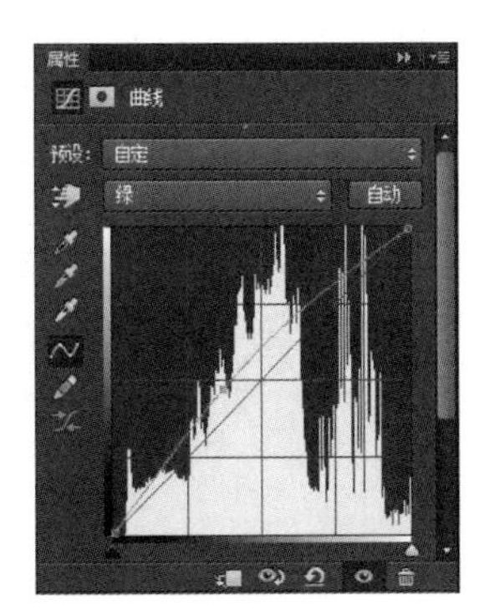

图 2-4-70

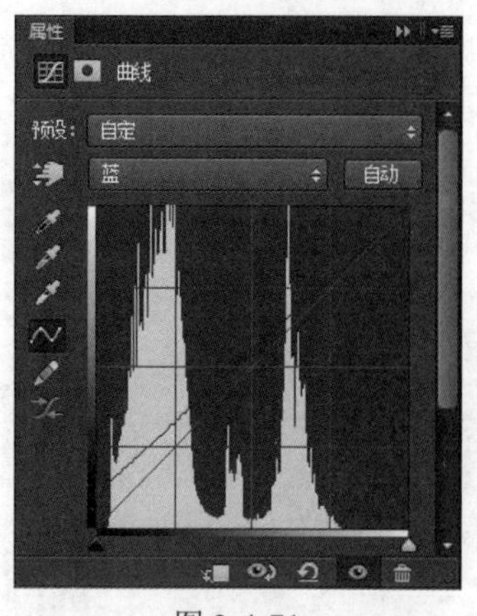

图 2-4-71

图 2-4-72

6）单击“图层”控制面板中的“创建新的填充图层或调整图层”按钮创建色彩平衡调整图层，参数设置如图 2-4-73 所示，效果如图 2-4-74 所示。

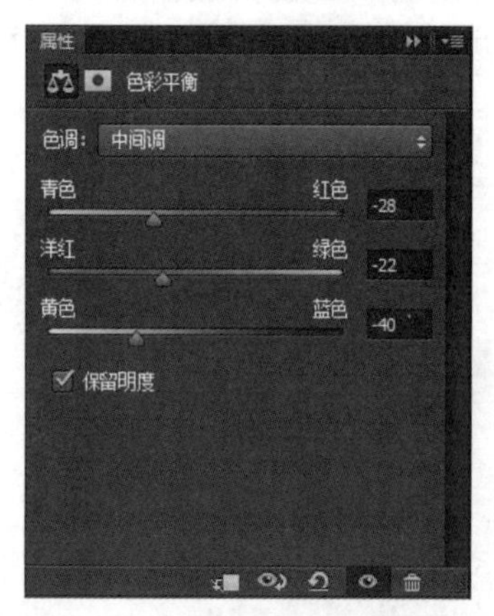

图 2-4-73

图 2-4-74

（2）新建图层并调整图层混合模式。

1）按 Ctrl+N 组合键新建图层，按 Ctrl+Alt+Shift+E 组合键盖印图层，图层混合模式改为“正片叠底”，图层不透明度改为 10%，效果如图 2-4-75 所示。

图 2-4-75

2）选择“背景”图层，按 Ctrl+U 组合键，在弹出的对话框中调整色相/饱和度，如图 2-4-76 所示，效果如图 2-4-77 所示。

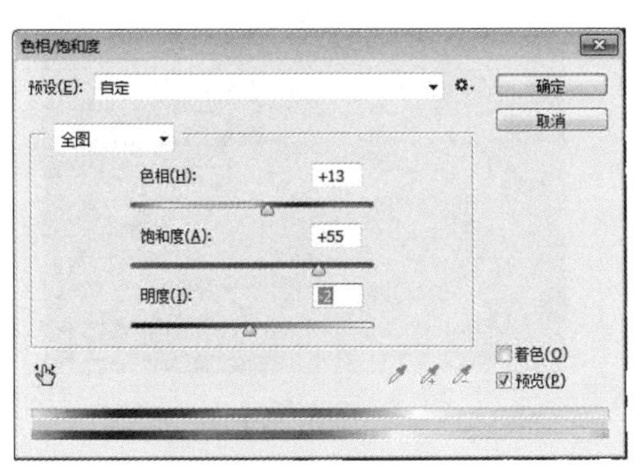

图 2-4-76

图 2-4-77

任务 4　用图层混合模式制作梦幻水晶效果

任务目标：了解图层的概念，掌握图层混合模式设置和应用，制作特殊效果的文字和图形。

知识要点：学会图层混合模式的操作方法和技巧，制作梦幻水晶效果，如图 2-4-78 所示。

图 2-4-78

实施步骤：

（1）用“矩形选框”工具绘制矩形并填充。

1）按 Ctrl+N 组合键，新建文件并命名为“梦幻水晶”，背景色为黑色，其他参数设置如

图 2-4-79 所示，单击“矩形选框”工具，新建图层并绘制一个矩形选框，如图 2-4-80 所示。

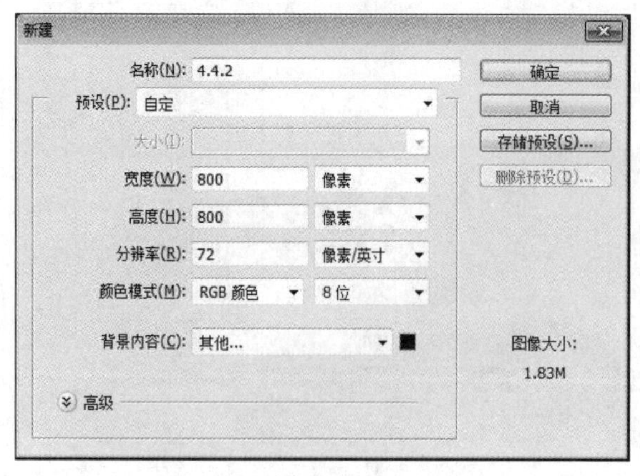

图 2-4-79

图 2-4-80

2）单击“油漆桶”工具，将前景色设置为#339900，对选区进行填充，如图 2-4-81 所示。单击“渐变”工具，填充方式为“线性”，设置渐变工具的混合模式为“叠加”，如图 2-4-81 所示。

图 2-4-81

图 2-4-82

3）使用“渐变”工具对刚刚填充的选区再次进行渐变填充，如图 2-4-83 所示，再使用“描边”命令进行描边，如图 2-4-84 所示。

（2）使用图层混合模式制作水晶效果。

1）设置“图层 1”的混合模式为“滤色”，复制此图层，按 Ctrl+T 组合键使用自由变换工具进行旋转调换位置，调整图层的不透明度如图 2-4-85 所示，重复上述操作，根据自己的需要调节每一层的旋转位置、大小和图层的透明度，效果如图 2-4-86 所示。

2）按 Ctrl+Shift+N 组合键新建图层，选择“画笔”工具，将画笔颜色设置为白色，用白色随意画出亮光效果，设置该层的混合模式为“叠加”，加强光反射效果，如图 2-4-87 所示。

图 2-4-83

图 2-4-84

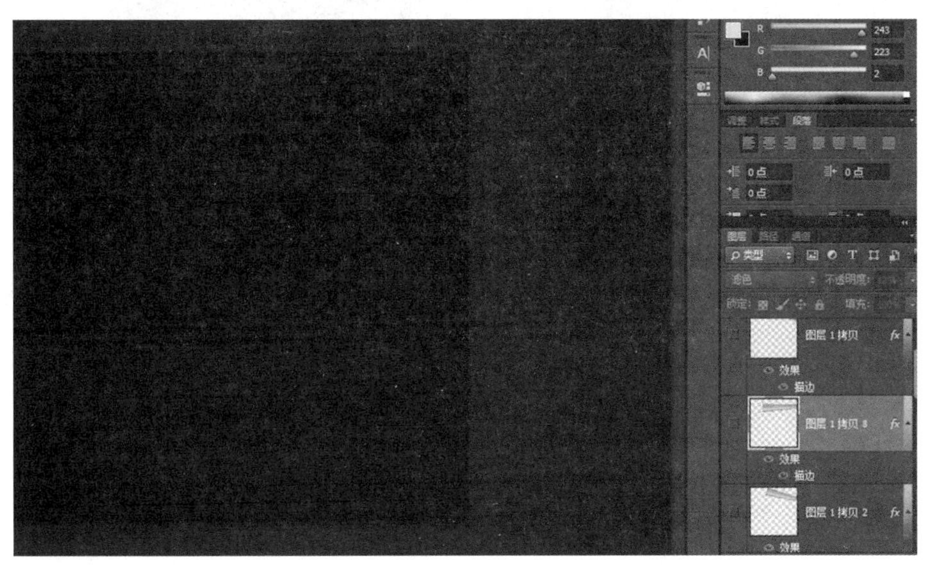

图 2-4-85

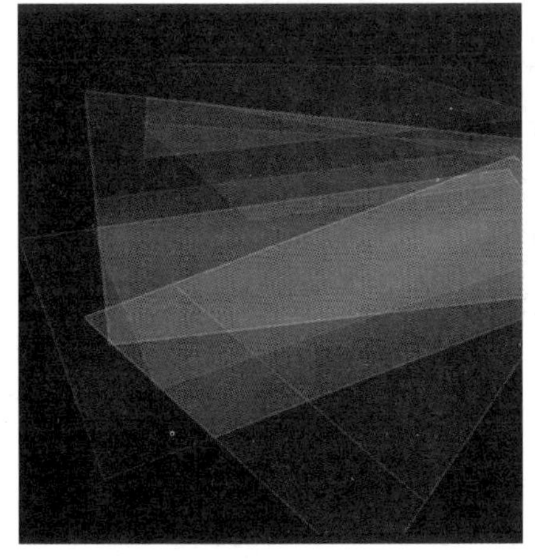

图 2-4-86

图 2-4-87

任务5　用图层样式制作木板浮雕文字

任务目标：了解图层样式的添加方式，学会应用图层样式命令，为图像添加投影、外发光、斜面、浮雕等效果，制作特殊效果的文字和图形。

知识要点：掌握图层样式的操作方法和技巧，制作出木板上的浮雕文字，效果如图 2-4-88 所示。

图 2-4-88

实施步骤：

（1）用“文字”工具制作文字图层。

按 Ctrl+O 组合键，打开素材 01 文件，在木板上输入文字，调整到合适的大小和位置，如图 2-4-89 所示。

图 2-4-89

2）按住 Ctrl 键的同时单击“室内设计”文字图层缩览图，显示出“室内设计”文字的选区，如图 2-4-90 所示。选中“背景”图层，按 Ctrl+J 组合键复制雕刻文字的选区即得到“图层 1”图层，如图 2-4-91 所示。单击“室内设计”文字图层的眼睛图标隐藏该图层，如图 2-4-92 所示。

图 2-4-90

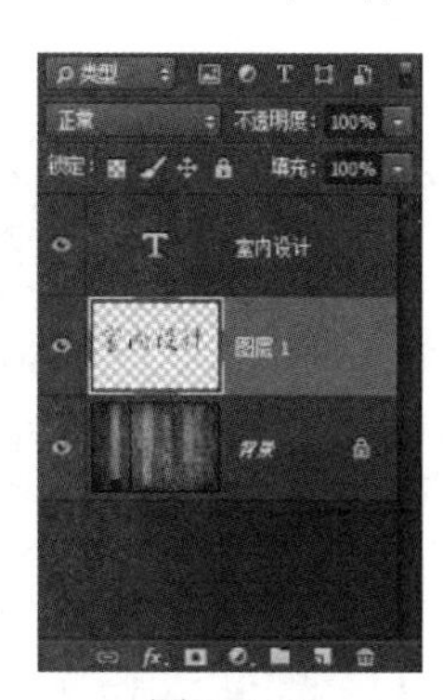

图 2-4-91

图 2-4-92

（2）用图层样式制作浮雕文字。

1）在“图层 1”图层中，选择“图层”→“图层样式”命令，在“样式”栏中选择“斜面和浮雕”，修改样式为“内斜面”，方法为“雕刻清晰”，深度为 250%，阴影模式为“正片叠底”，不透明度为 50%，如图 2-4-93 所示，效果如图 2-4-94 所示。

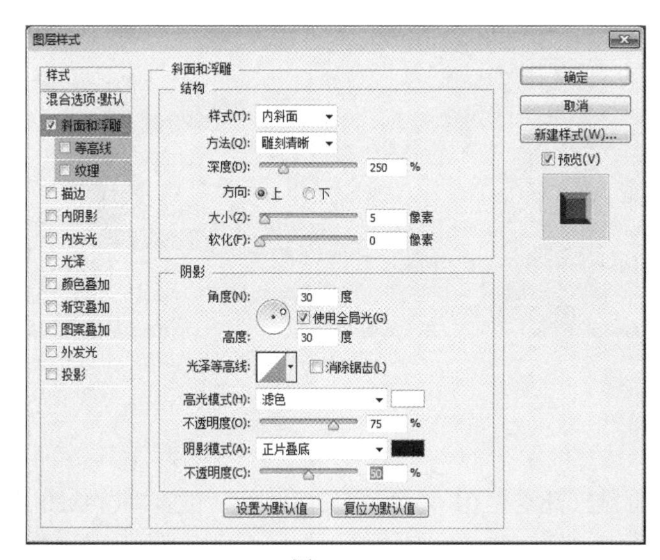

图 2-4-93

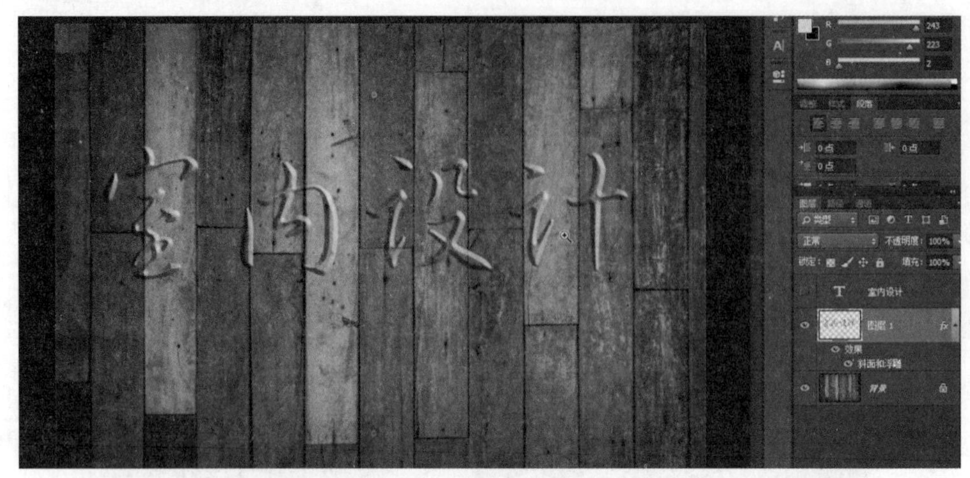

图 2-4-94

任务 6　用滤镜制作抽象的装饰图案

学习目标：在编辑图像时，可以为某一图层或多个图层添加蒙版，并对添加的蒙版进行编辑、隐藏、链接、删除等操作。

知识要点：掌握图层蒙版的操作方法与技巧，制作出沙发的艺术图案，效果如图 2-4-95 所示。

图 2-4-95

实施步骤：

（1）制作沙发并填充图案。

1）按 Ctrl+O 组合键打开素材 01 文件，按 Ctrl+J 组合键复制背景图层，如图 2-4-96 所示，按 Ctrl+O 组合键打开素材 02 文件，选择“编辑”→“自定义图案”命令，弹出“图案名称”对话框，如图 2-4-97 所示，单击“确定”按钮并关闭 02 文件。

图 2-4-96

图 2-4-97

2）单击“图层”控制面板底部的“创建新的填充或调整图层”按钮，在下拉列表中选择“图案”选项，弹出“图案填充”对话框，选择刚刚自定义的图案，单击“确定”按钮后整张画布都会被填充这种图案，如图 2-4-98 所示。

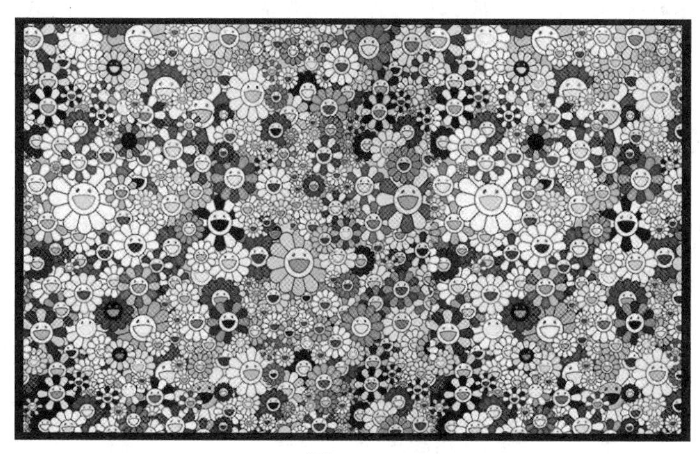

图 2-4-98

3）单击工具箱中的“钢笔”工具，绘制出沙发闭合路径，右击并选择“建立选区”选项将路径转换为选区，单击“图案填充 1”图层中的白色蒙版，将前景色设置为黑色，按 Alt+Delete 组合键填充前景色黑色，这样单独的沙发就显示出来了，然后按 Ctrl+D 组合键取消选区，如图 2-4-99 所示。

图 2-4-99

（2）使用图层蒙版制作沙发图案。

1）双击“图案填充 1”图层的蒙版，在“属性”面板中单击“反相”按钮，如图 2-4-100 所示，这样花纹就反相到沙发上了，如图 2-4-101 所示。

图 2-4-100

图 2-4-101

2）回到“图层”控制面板，选择“图案填充 1”图层，将该图层的混合模式设置为“正片叠底”，如图 2-4-102 所示，效果如图 2-4-103 所示。

此时发现沙发的颜色太深，单击“图层”控制面板底部的“创建新的填充或调整图层”按钮创建一个“色相/饱和度调整”图层，选中图案图层的蒙版，按住 Alt 键不放并拖动到“色相/饱和度调整”图层上，此时会弹出询问是否要替换图层蒙版的对话框，单击“是”按钮，如图 2-4-104 所示，这样就将图案填充图层的蒙版复制给了“色相/饱和度调整”图层，如图 2-4-105 所示。

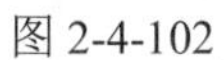

图 2-4-102

图 2-4-103

图 2-4-104

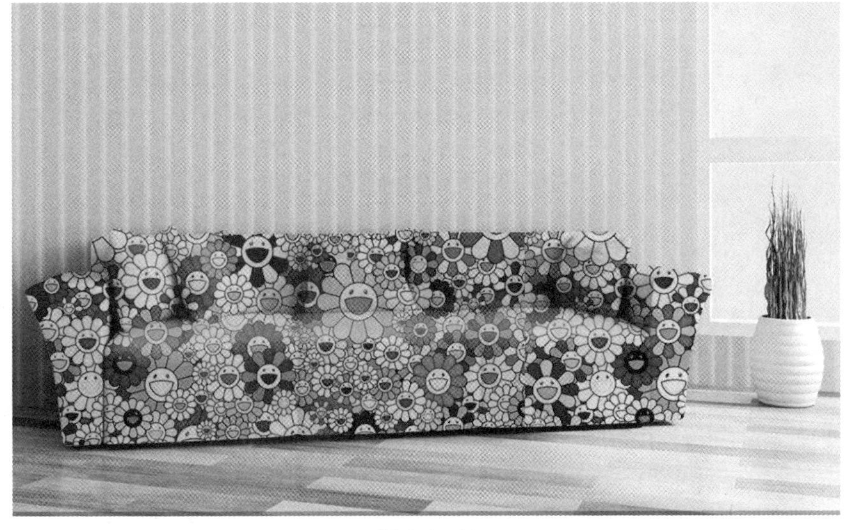

图 2-4-105

【项目小结】

通过对文字和图层工具及其应用技巧的学习，了解了图层的概念，掌握了文字输入、变形文字设置、路径文字制作等的方法，可应用图层制作出多变图像效果，并能在以后的学习中举一反三，灵活运用本案例中的相关工具。

【思考题】

1．Photoshop CC 中如何进行文字栅格化？

2．简述 Photoshop CC 中路径文字的绘制方式。

3．简述 Photoshop CC 中图层蒙版的使用方法。

项目 5　使用通道与滤镜知识详解

【项目导读】

本项目主要介绍 Photoshop CC 通道与滤镜的使用方法。通过对本项目的学习，可以掌握通道的基本操作、通道蒙版的创建和使用方法，以及滤镜功能的使用技巧，从而能够快速、准确地创作出生动精彩的图像。

【项目目标】

学习目标：了解运用通道蒙版编辑图像的方法
了解滤镜库的功能
掌握通道的操作方法和技巧
掌握滤镜的应用方法
掌握滤镜的使用技巧

重　　点：了解滤镜库的功能
掌握通道的操作方法和技巧

难　　点：掌握滤镜的应用方法
掌握滤镜的使用技巧

【知识链接】

知识 5.1　通道的操作

5.1.1　“通道”控制面板

“通道”控制面板用于管理所有的通道，并对通道进行编辑。选择“窗口”→“通道”命令打开“通道”控制面板，如图 2-5-1 所示。

图 2-5-1

在“通道”控制面板的右上方有 2 个系统按钮和，分别是“折叠为图标”按钮和“关闭”按钮。单击“折叠为图标”按钮可以将控制面板折叠起来，只显示图标。单击“关闭”按钮，可以将控制面板关闭。

在“通道”控制面板中，通道放置区用于存放当前图像中存在的所有通道。在通道放置区中，如果选中的只是其中的一个通道，则只有这个通道处于选中状态，通道上将出现一个深色条。如果想选中多个通道，可以按住 Shift 键，再单击其他通道。通道左侧的眼睛图标用于显示或隐藏颜色通道。

在“通道”控制面板的底部有 4 个工具按钮，如图 2-5-2 所示。

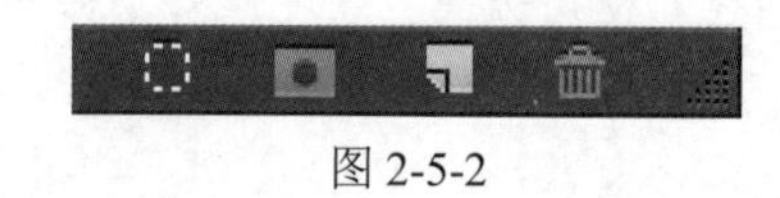

图 2-5-2

：将通道作为选区调出。

：将选区存入通道中。

：创建或复制新的通道。

：删除图像中的通道。

5.1.2 创建新通道

在编辑图像的过程中，可以建立新的通道。

单击“通道”控制面板右上方的图标，在下拉列表中选择“新建通道”命令，弹出“新建通道”对话框，如图 2-5-3 所示。

名称：用于设置当前通道的名称。

色彩指示：用于选择两种区域方式。

颜色：用于设置新通道的颜色。

不透明度：用于设置当前通道的不透明度。

单击“确定”按钮，“通道”控制面板中将创建一个新通道，即 Alpha 1，如图 2-5-4 所示。

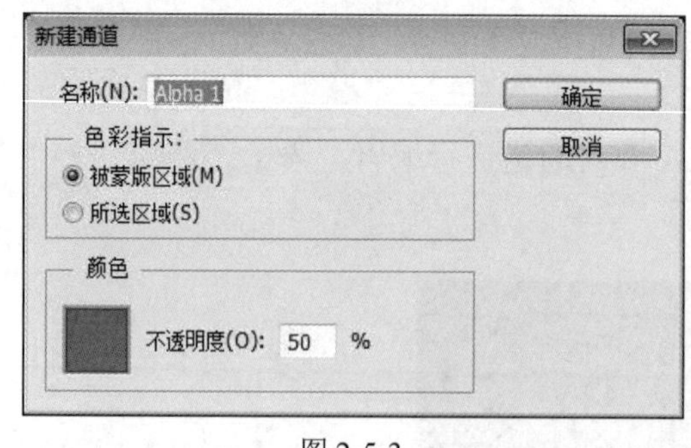

图 2-5-3

图 2-5-4

单击“通道”控制面板下方的“创建新通道”按钮也可以创建一个新通道。

5.1.3 复制通道

“复制通道”命令用于将现有的通道进行复制，产生相同属性的多个通道。

单击“通道”控制面板右上方的图标，在下拉列表中选择“复制通道”命令，弹出“复制通道”对话框，如图 2-5-5 所示。

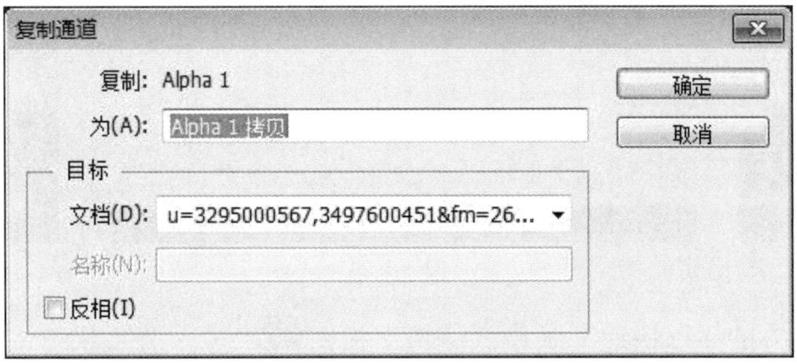

图 2-5-5

为：用于设置复制出的新通道的名称。

文档：用于设置复制通道的文件来源。

将“通道”控制面板中需要复制的通道拖曳到下方的“创建新通道”按钮上也可将所选的通道复制为一个新的通道。

5.1.4　删除通道

不用的或废弃的通道可以删除，以免影响操作。

单击“通道”控制面板右上方的图标，在下拉列表中选择“删除通道”命令，即可将通道删除。

单击“通道”控制面板下方的“删除当前通道”按钮，弹出提示对话框，如图 2-5-6 所示，单击“是”按钮将通道删除。也可将需要删除的通道直接拖曳到“删除当前通道”按钮上进行删除。

图 2-5-6

知识 5.2　通道蒙版

5.2.1　快速蒙版制作

选择“快速蒙版”命令可以使图像快速地进入蒙版编辑状态。打开一幅图像，效果如图 2-5-7 所示。选择“快速选择”工具，在“快速选择”工具属性栏中进行设置，如图 2-5-8 所示。选择建筑图形，如图 2-5-9 所示。

图 2-5-7　　图 2-5-8　　图 2-5-9

单击工具箱下方的“以快速蒙版模式编辑”按钮，进入蒙版状态，选区暂时消失，图像的未选择区域变为红色，如图 2-5-10 所示。“通道”控制面板中将自动生成快速蒙版，如图 2-5-11 所示。快速蒙版图像如图 2-5-12 所示。

图 2-5-10　　图 2-5-11　　图 2-5-12

选择“画笔”工具，在“画笔”工具属性栏中进行设置，如图 2-5-13 所示。将快速蒙版中的建筑图形绘制成白色，图像效果和快速蒙版如图 2-5-14 和图 2-5-15 所示。

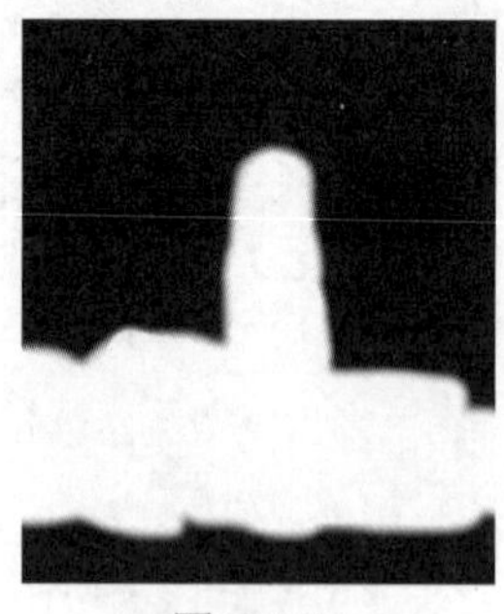

图 2-5-13　　图 2-5-14　　图 2-5-15

5.2.2　在 Alpha 通道中存储蒙版

可以将编辑好的蒙版存储到 Alpha 通道中。

用选取工具选中建筑，生成选区，效果如图 2-5-16 所示。选择“选择”→“存储选区”命令，弹出“存储选区”对话框，如图 2-5-17 所示进行设置，单击“确定”按钮，建立通道蒙版“建筑”。也可以单击“通道”控制面板中的“将选区存储为通道”按钮建立通道蒙版“建筑”，效果如图 2-5-18 和图 2-5-19 所示。

图 2-5-16

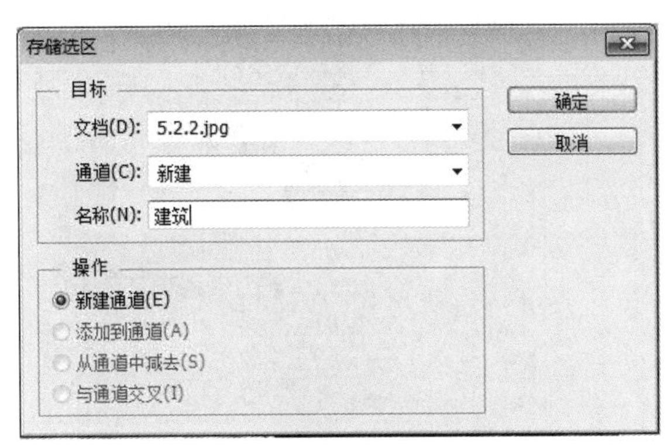

图 2-5-17

图 2-5-18

图 2-5-19

知识 5.3　滤镜库的功能

在 Photoshop CC 的滤镜库中，常用滤镜组被组合在一个面板中，以折叠菜单的方式显示，并为每一个滤镜提供了直观的效果预览，使用十分方便。

选择“滤镜”→“滤镜库”命令，弹出“滤镜库”对话框。对话框中部为滤镜列表，每个滤镜组下面包含了多个特色滤镜。单击需要的滤镜组，可以浏览到滤镜组中的各个滤镜和其相应的滤镜效果。

在“滤镜库”对话框中可以创建多个效果图层，每个图层可以应用不同的滤镜，从而使图像产生多个滤镜叠加后的效果。

为图像添加“强化的边缘”滤镜，如图 2-5-20 所示，单击“新建效果图层”按钮生成新的效果图层，如图 2-5-21 所示。为图像添加“喷溅”滤镜，两个滤镜叠加后的效果如图 2-5-22 所示。

图 2-5-20

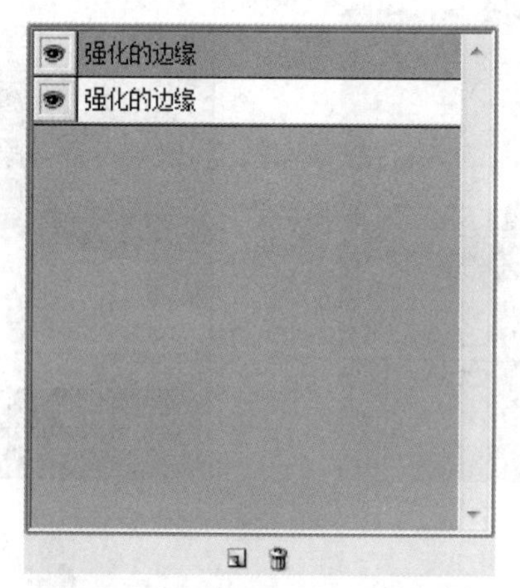

图 2-5-21

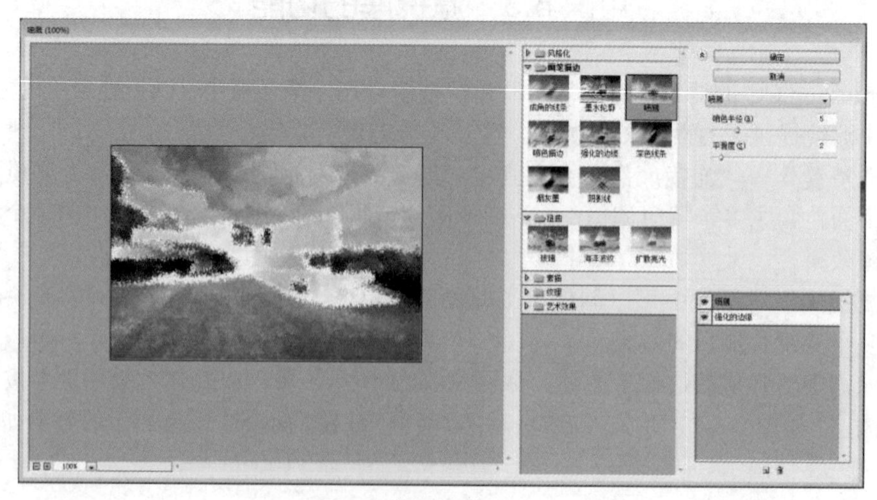

图 2-5-22

知识 5.4　滤镜的应用

Photoshop CC 的“滤镜”菜单下提供了多种滤镜，选择这些滤镜命令可以制作出奇妙的图像效果。“滤镜”菜单如图 2-5-23 所示，被分为 6 个部分，以横线分隔。

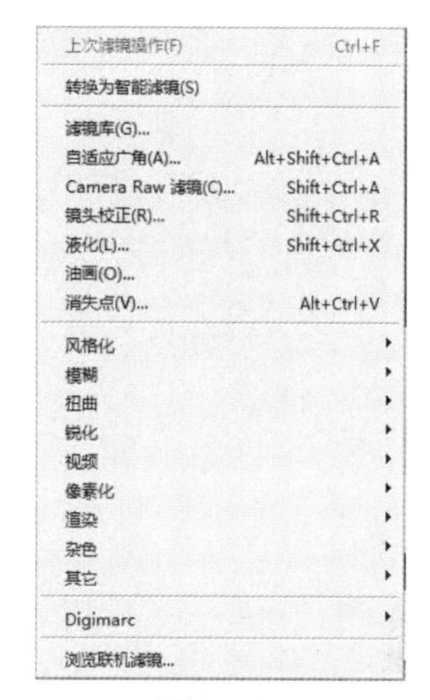

图 2-5-23

第 1 部分为最近一次使用的滤镜。如果没有使用滤镜，此命令为灰色，不可选择。使用任意一种滤镜后，当需要重复使用这种滤镜时，只要直接选择这种滤镜或按 Ctrl+F 组合键即可。

第 2 部分为转换为智能滤镜，智能滤镜可随时进行修改操作。

第 3 部分为 6 种 Photoshop CC 滤镜，每个滤镜的功能都十分强大。

第 4 部分为 9 种 Photoshop CC 滤镜组，每个滤镜组中都包含多个子滤镜。

第 5 部分为 Digimarc 滤镜。

第 6 部分为浏览联机滤镜。

5.4.1　“杂色”滤镜

“杂色”滤镜可以向图像中随机添加一些杂色点，也可以淡化某些杂色点。“杂色”滤镜的子菜单如图 2-5-24 所示，应用不同的滤镜制作出的效果如图 2-5-25 所示。

减少杂色...
蒙尘与划痕...
去斑
添加杂色...
中间值...

图 2-5-24

原图

减少杂色

蒙尘与划痕

去斑

添加杂色

中间值

图 2-5-25

5.4.2 “渲染”滤镜

“渲染”滤镜用于在图片中产生照明的效果，它可以产生不同的光源效果和夜景效果。“渲染”滤镜的子菜单如图 2-5-26 所示，应用不同的滤镜制作出的效果如图 2-5-27 所示。

分层云彩
光照效果...
镜头光晕...
纤维...
云彩

图 2-5-26

原图

分层云彩

光照效果

镜头光晕

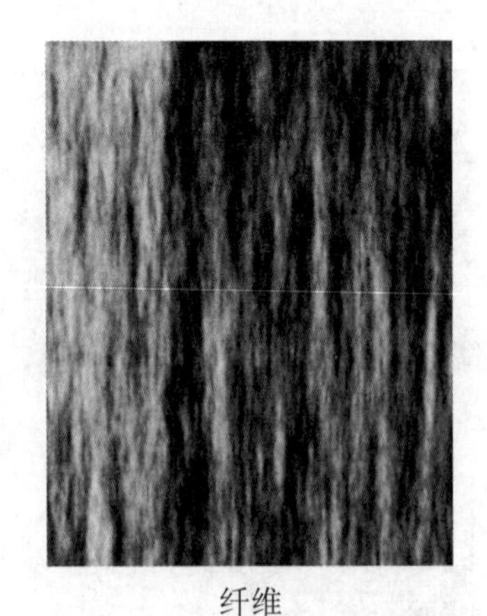
纤维

云彩

图 2-5-27

5.4.3 “像素化”滤镜

“像素化”滤镜用于将图像分块或将图像平面化。“像素化”滤镜的子菜单如图 2-5-28 所示，应用不同滤镜制作出的效果如图 2-5-29 所示。

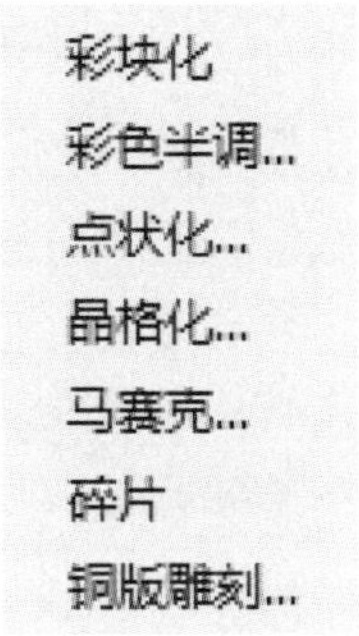

彩块化
彩色半调...
点状化...
晶格化...
马赛克...
碎片
铜版雕刻...

图 2-5-28

图 2-5-29

5.4.4　“锐化”滤镜

“锐化”滤镜用于产生更大的对比度来使图像清晰化和增强处理图像的轮廓，此组滤镜可减少图像修改后产生的模糊效果。“锐化”滤镜的子菜单如图 2-5-30 所示，应用不同滤镜制作出的效果如图 2-5-31 所示。

USM 锐化...
防抖...
进一步锐化
锐化
锐化边缘
智能锐化...

图 2-5-30

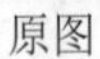
原图

USM 锐化

防抖

进一步锐化

锐化

锐化边缘

智能锐化

图 2-5-31

5.4.5 “扭曲”滤镜

“扭曲”滤镜用于产生一组从波纹到扭曲图像的变形效果。“扭曲”滤镜的子菜单如图 2-5-32 所示，应用不同滤镜制作出的效果如图 2-5-33 所示。

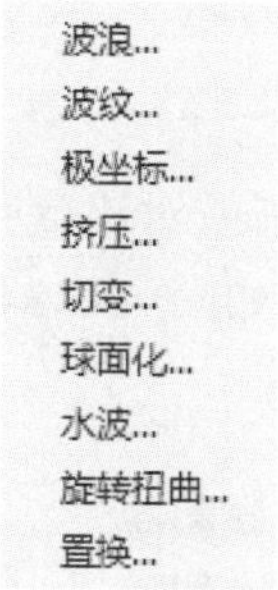

波浪...
波纹...
极坐标...
挤压...
切变...
球面化...
水波...
旋转扭曲...
置换...

图 2-5-32

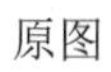
原图

波浪

波纹

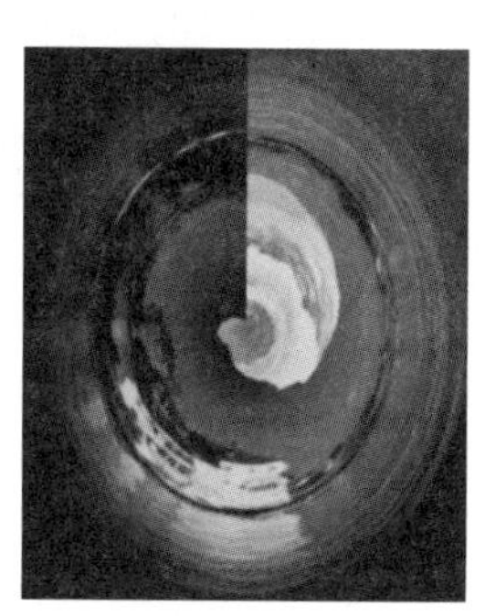
极坐标

挤压

切变

球面化

水波

旋转扭曲

置换

图 2-5-33

5.4.6 “模糊”滤镜

“模糊”滤镜用于使图像中过于清晰或对比度强烈的区域产生模糊效果，还可以用于制作柔和阴影效果。“模糊”滤镜的子菜单如图 2-5-34 所示，应用不同滤镜制作出的效果如图 2-5-35 所示。

场景模糊...
光圈模糊...
移轴模糊...

表面模糊...
动感模糊...
方框模糊...
高斯模糊...
进一步模糊
径向模糊...
镜头模糊...
模糊
平均
特殊模糊...
形状模糊...

图 2-5-34

原图

场景模糊

光圈模糊

移轴模糊

表面模糊

动感模糊

方框模糊

高斯模糊

图 2-5-35

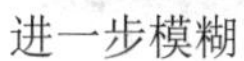

进一步模糊

径向模糊

镜头模糊

模糊

平均

特殊模糊

形状模糊

图 2-5-35（续图）

5.4.7 “风格化”滤镜

“风格化”滤镜可以产生印象派以及其他风格画派作品的效果，它是完全模拟真实艺术手法进行创作的。“风格化”滤镜的子菜单如图 2-5-36 所示，应用不同滤镜制作出的效果如图 2-5-37 所示。

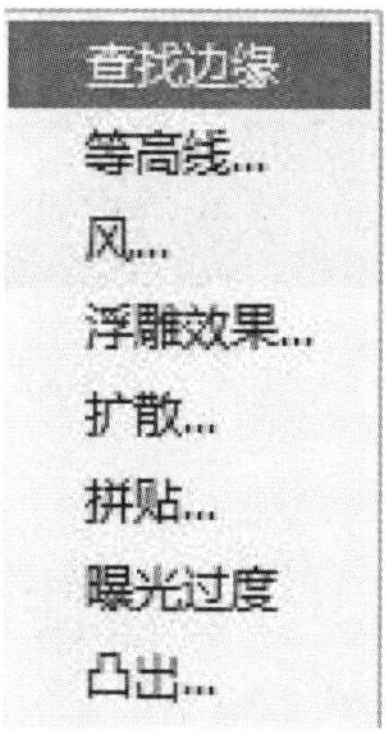

查找边缘
等高线...
风...
浮雕效果...
扩散...
拼贴...
曝光过度
凸出...

图 2-5-36

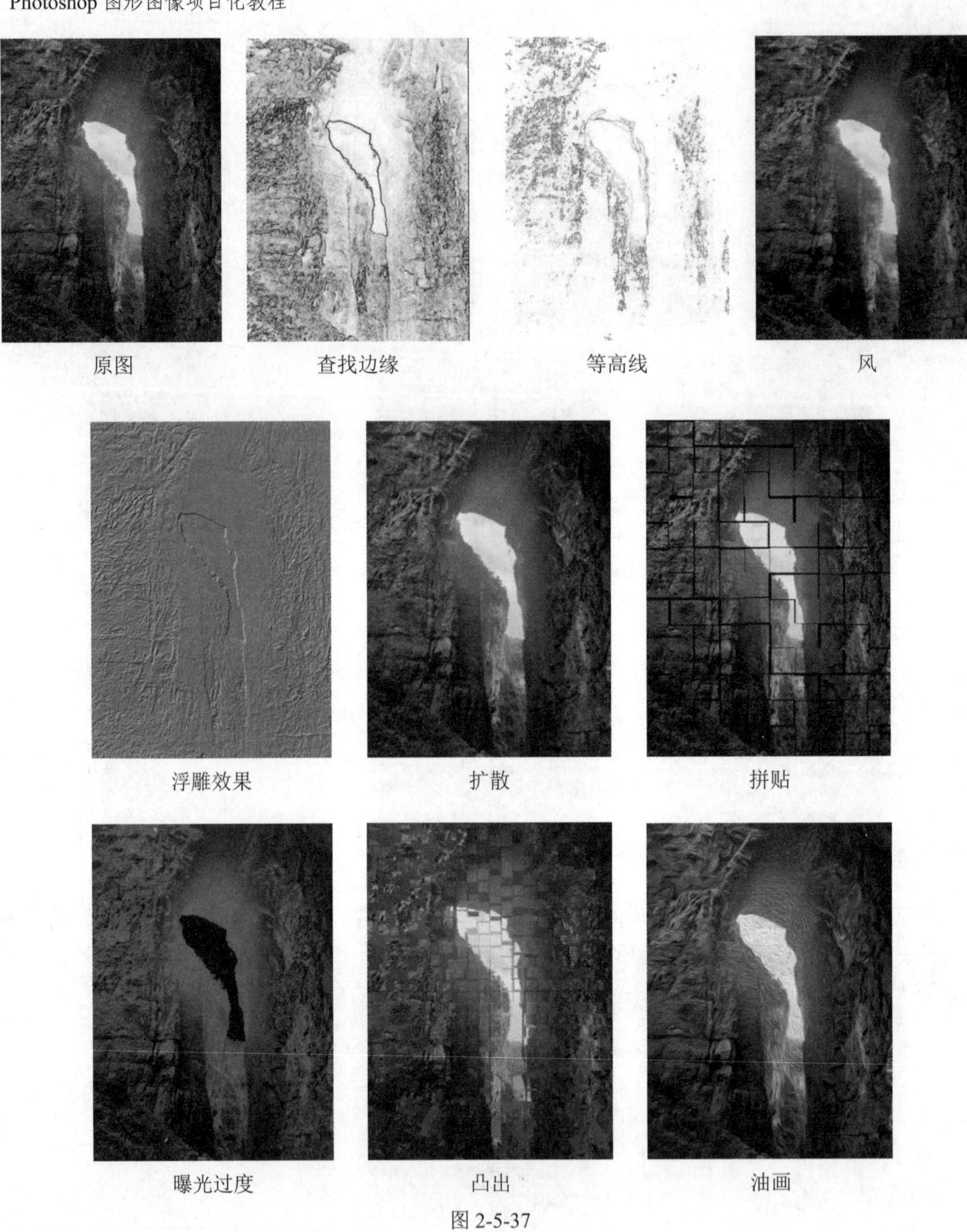

图 2-5-37

知识 5.5　滤镜使用技巧

5.5.1　重复使用滤镜

如果在使用一次滤镜后效果不理想，可以按 Ctrl+F 组合键重复使用滤镜。重复使用波浪滤镜的不同效果如图 2-5-38 所示。

图 2-5-38

5.5.2 对图像局部使用滤镜

对图像局部使用滤镜是常用的处理图像的方法。在要应用的图像上绘制选区，如图 2-5-39 所示。对选区中的图像使用强化的边缘滤镜，效果如图 2-5-40 所示。如果对选区进行羽化后再使用滤镜就可以得到与原图融为一体的效果。在“羽化选区”对话框中设置羽化半径的数值，如图 2-5-41 所示，对选区进行羽化后再使用滤镜得到的效果如图 2-5-42 所示。

图 2-5-39

图 2-5-40

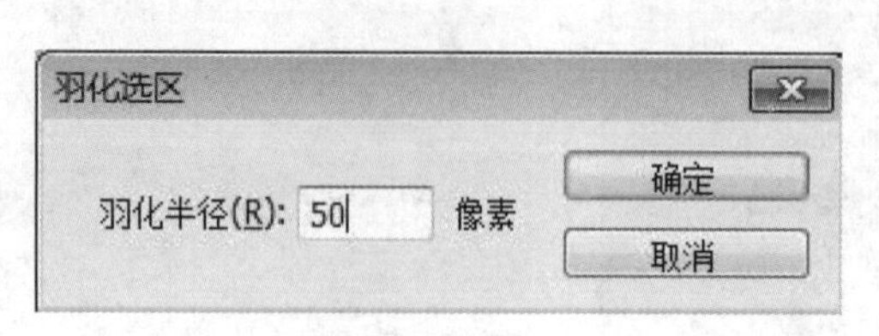

图 2-5-41

图 2-5-42

【任务挑战】

任务 1　别墅素材提取

任务目标： 掌握通道的基本操作、通道蒙版的创建和使用方法。

知识要点： 学会使用通道蒙版编辑图像的方法，掌握通道的操作方法和技巧，提取别墅素材，效果如图 2-5-43 所示。

图 2-5-43

实施步骤：

（1）合理使用通道。

1）按 Ctrl+O 组合键打开素材 01 文件，如图 2-5-44 所示。单击“图层”控制面板上方的“通道”选项打开“通道”面板，如图 2-5-45 所示。

图 2-5-44

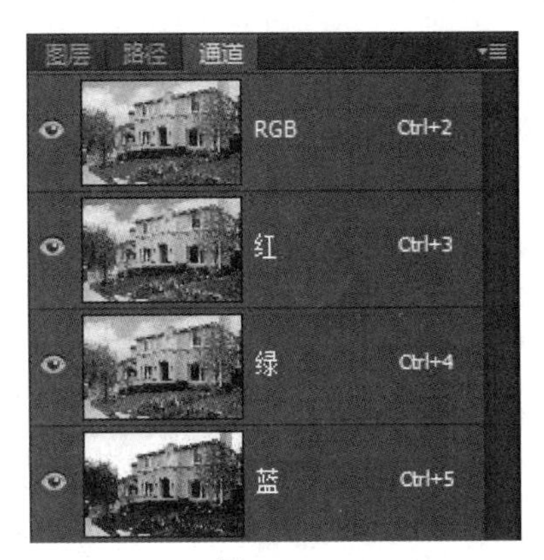

图 2-5-45

2）找到天空与别墅主体反差最大的一个通道即蓝色通道，选中蓝色通道并复制，如图 2-5-46 所示。选择“图像”→“调整”→“亮度/对比度”命令，增加反差，使主体物变黑，其他地方变白，如图 2-5-47 所示。

图 2-5-46

图 2-5-47

（2）合理使用选区。

1）在“图层”控制面板上方选择“图层”选项返回“图层”面板，选择“选择”→“载入选区”命令，在打开的面板中勾选“反相”复选项，如图 2-5-48 所示，此时通道是选中的“蓝 拷贝”层，如图 2-5-49 所示。

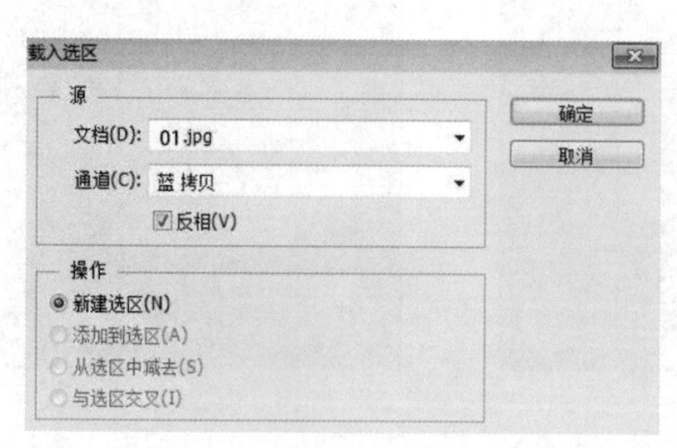

图 2-5-48

图 2-5-49

2）此时选区较为粗糙，需要用套索工具进行处理，处理后的效果如图 2-5-50 所示。在“图层”控制面板中单击“添加图层蒙版”按钮，直接在图层 0 上添加蒙版，如图 2-5-51 所示。

图 2-5-50

图 2-5-51

（3）提取别墅素材进行合成。

打开素材 02 文件，使用移动工具和自由变换工具对素材进行调整，最终效果如图 2-5-52 所示。

图 2-5-52

任务 2　室内效果图素材制作

任务目标：掌握通道的基本操作、通道蒙版的创建和使用方法，以及在通道中快速创建和存储蒙版的方法。

知识要点：学会使用通道蒙版编辑图像的方法，掌握通道的操作方法和技巧，制作出沙发素材效果，如图 2-5-53 所示。

图 2-5-53

实施步骤：

（1）合理使用通道。

1）按 Ctrl+O 组合键打开素材 01 文件，如图 2-5-54 所示。单击“图层”控制面板上方的“通道”选项打开“通道”面板，如图 2-5-55 所示。

图 2-5-54

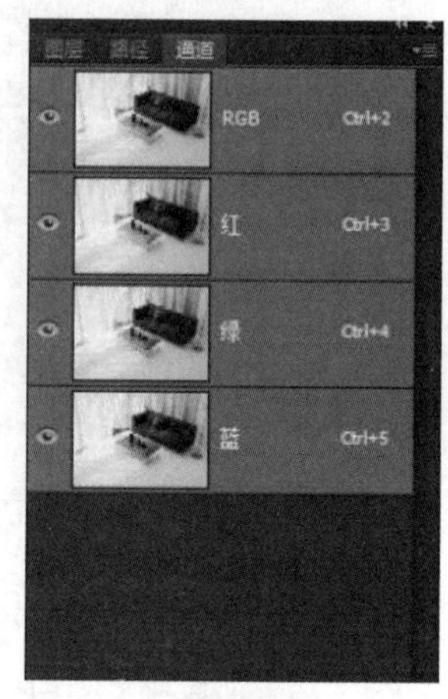

图 2-5-55

2）找到主体沙发与周围反差最大的一个通道即蓝色通道，选中蓝色通道并复制，如图 2-5-56 所示。选择“图像”→“调整”→“亮度/对比度”命令，增加反差，按 Ctrl+L 组合键调出曲线进行调整，使主体物变黑，其他地方变白，如图 2-5-57 所示。

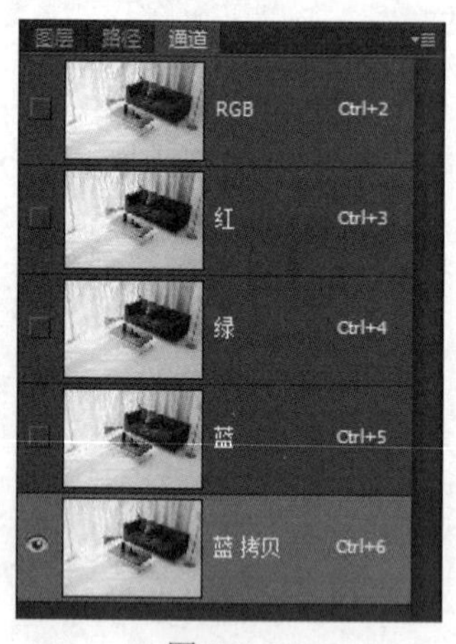

图 2-5-56

图 2-5-57

（2）合理使用选区。

1）使用套索工具在沙发周围建立一个选区，使用色阶进一步处理沙发，使其变为黑色，如图 2-5-58 所示，右击并选择“反相”，按 Delete 键删除周围的区域使四周变成白色，如图 2-5-59 所示。

2）按 Ctrl+I 组合键进行反相蒙版，在“图层”控制面板上方选择“图层”选项返回“图层”面板，选择“选择”→“载入选区”命令打开如图 2-5-60 所示的“载入选区”对话框，此时通道是选中的“蓝 拷贝”层如图 2-5-61 所示。

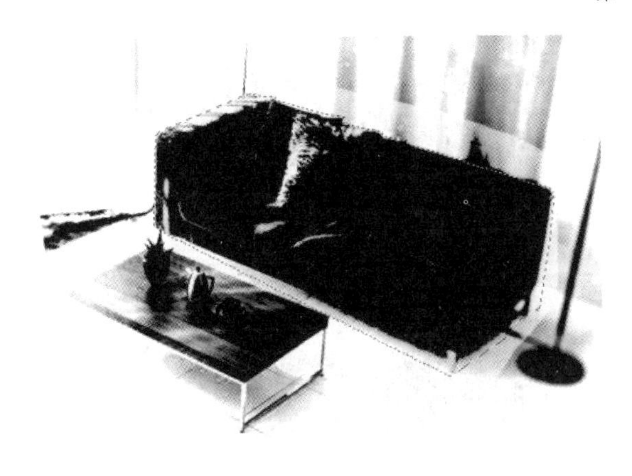

图 2-5-58

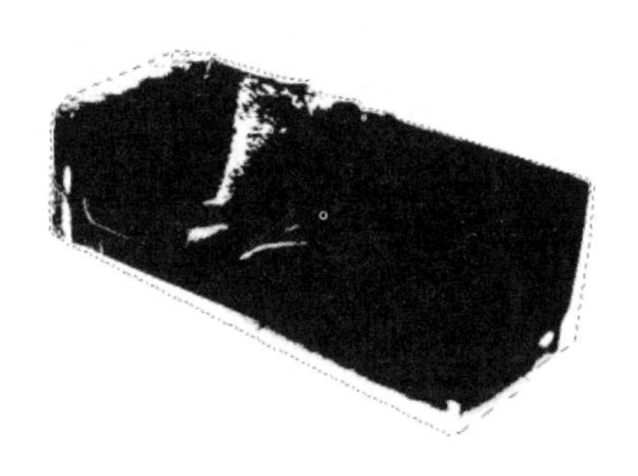

图 2-5-59

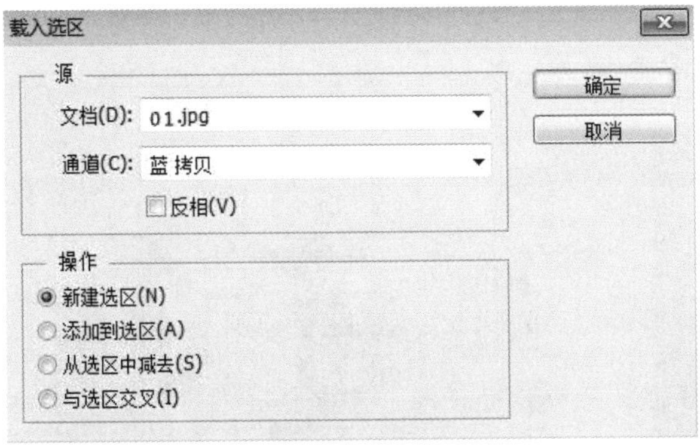

载入选区
源
文档(D): 01.jpg
通道(C): 蓝 拷贝
反相(V)
操作
新建选区(N)
添加到选区(A)
从选区中减去(S)
与选区交叉(I)
确定
取消

图 2-5-60

图层 路径 通道
RGB Ctrl+2
红 Ctrl+3
绿 Ctrl+4
蓝 Ctrl+5
蓝 拷贝 Ctrl+6

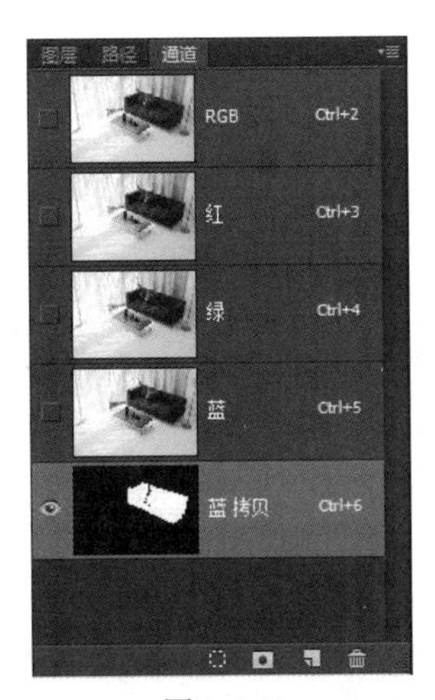

图 2-5-61

3）此时选区较为粗糙，需要用套索工具进行处理，处理后的效果如图 2-5-62 所示，在“图层”控制面板中按 Ctrl+J 组合键将选区建立为新的图层，如图 2-5-63 所示。

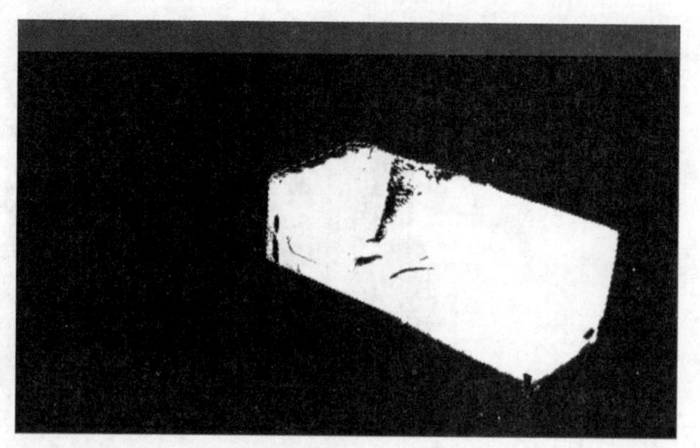

图 2-5-62

图 2-5-63

任务 3　用滤镜制作室内效果图线描稿

学习目标：认识多种滤镜，掌握滤镜的基本操作和多种用途，熟练地利用滤镜制作出奇妙的图像效果。

知识要点：学会使用滤镜编辑图像的方法，掌握滤镜的操作方法和技巧，制作出室内效果图线描稿，效果如图 2-5-64 所示。

图 2-5-64

实施步骤：

（1）使用滤镜处理画面。

1）按 Ctrl+O 组合键打开素材 01 文件，如图 2-5-65 所示。按 Ctrl+J 组合键将“背景”图层复制两次，如图 2-5-66 所示。

图 2-5-65

图 2-5-66

2）选择“图层 1 拷贝”图层，再选择“滤镜”→“其他”→“高反差保留”命令，将“半径”设为 0.3，如图 2-5-67 所示，选择“图像”→“调整”→“阈值”命令，将“阈值色阶”设置为 127，如图 2-5-68 所示。

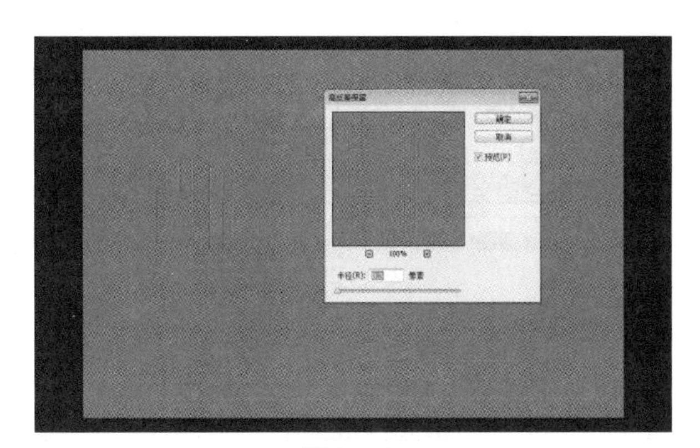

图 2-5-67

图 2-5-68

3）将第一个图层隐藏，选择第二个图层，再选择“滤镜”→“风格化”→“查找边缘”命令，如图 2-5-69 所示，选择“图像”→“调整”→“阈值”命令，将“阈值色阶”设置为默认的 128，如图 2-5-70 所示。

图 2-5-69

图 2-5-70

4）将“图层 1”和“图层 1 拷贝”两个图层的图层混合模式都修改为“正片叠底”，如图 2-5-71 所示，选择“背景”图层，按 Ctrl+J 组合键再复制一个，选择“图像”→“调整”→“阈值”命令，调整“阈值色阶”的数值到图像的细节都能呈现出来（这里设置的数值为 1），如图 2-5-72 所示。

图 2-5-71

图 2-5-72

5）选择“背景”图层，按 Ctrl+J 组合键再复制一层，并将复制的图层移动到正数第三层，如图 2-5-73 所示，选择“图像”→“调整”→“阈值”命令，调整“阈值色阶”的值使其细节更黑一点（这里设置的数值为 50），如图 2-5-74 所示。

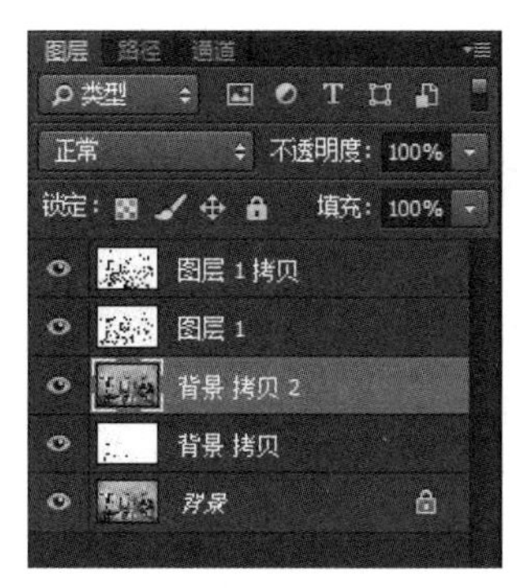

图 2-5-73

图 2-5-74

（2）使用蒙版细化效果。

虽然基本的线性轮廓已经绘制出来，但是效果还不够明显。打开素材 02 文件，选择“编辑”→“定义图案”命令，如图 2-5-75 所示，回到 02 文件中选择第三个图层并单击“图层”控制面板中的“添加蒙版”按钮，如图 2-5-76 所示，单击选中蒙版图层，选择“油漆桶”工具，选择“图案”，然后找到刚才定义的图案，如图 2-5-77 所示，单击画布，如图 2-5-78 所示。

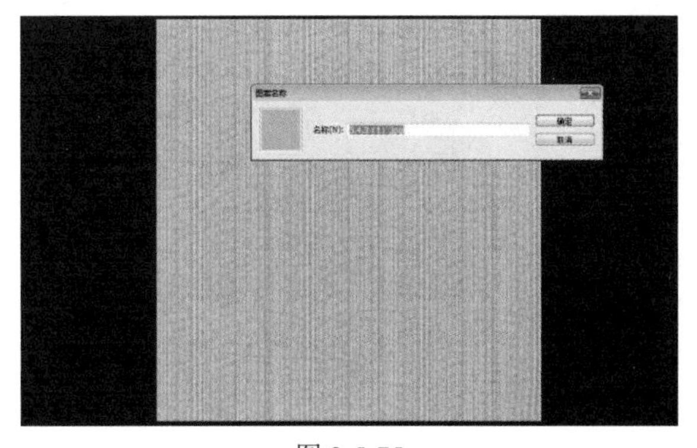

图 2-5-75

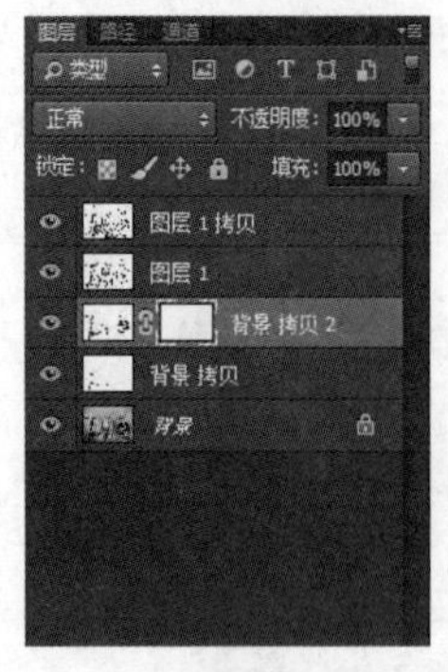

图 2-5-76

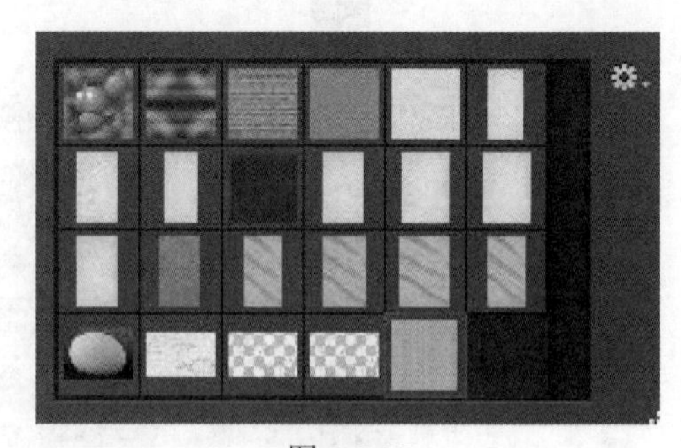

图 2-5-77

图 2-5-78

任务 4　用滤镜制作抽象的装饰图案

任务目标：认识滤镜，掌握滤镜的基本操作和多种用途，熟练地利用滤镜制作出奇妙的图像效果。

知识要点：学会使用滤镜编辑图像的方法，掌握滤镜的操作方法和技巧，制作出抽象的装饰图案，效果如图 2-5-79 所示。

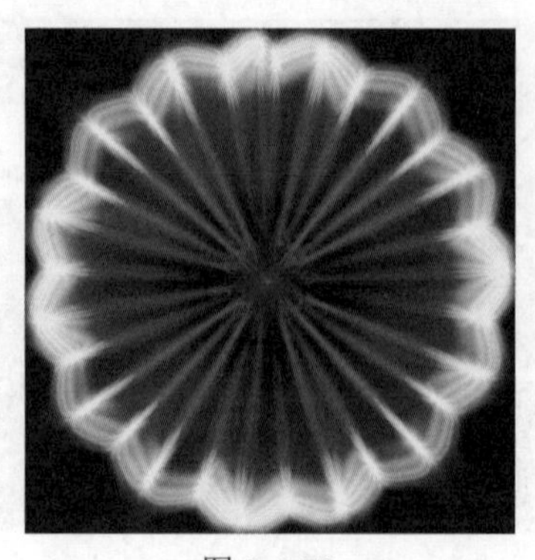

图 2-5-79

实施步骤：

（1）使用滤镜处理画面。

1）按 Ctrl+N 组合键新建文件并命名为圆形装饰图案，如图 2-5-80 所示。选择“渐变填充”工具，填充黑白渐变色，如图 2-5-81 所示。

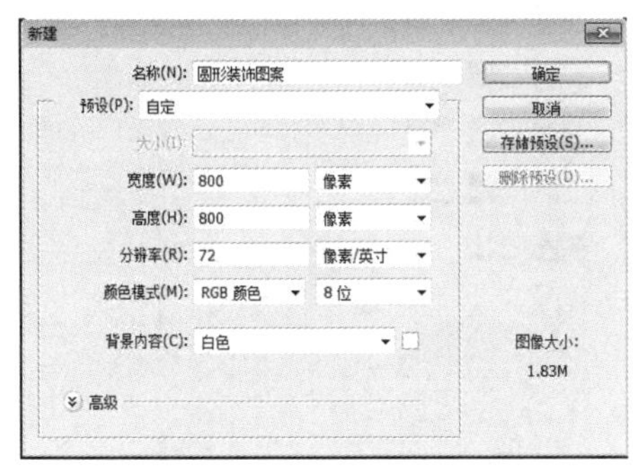

图 2-5-80

图 2-5-81

2）选择“滤镜”→“扭曲”→“波浪”命令，数值设置如图 2-5-82 所示，效果如图 2-5-83 所示。

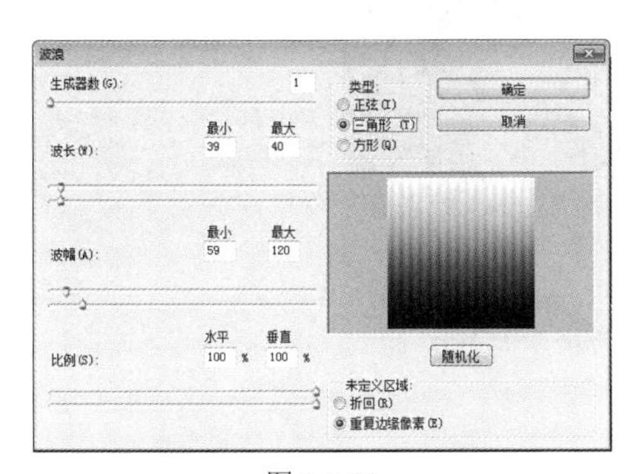

图 2-5-82

图 2-5-83

3）选择“滤镜”→“扭曲”→“极坐标”命令，数值设置如图 2-5-84 所示，效果如图 2-5-85 所示。

图 2-5-84

图 2-5-85

4）选择“滤镜”→“滤镜库”→“素描”→“铬黄渐变”命令，数值设置如图 2-5-86 所示，效果如图 2-5-87 所示。

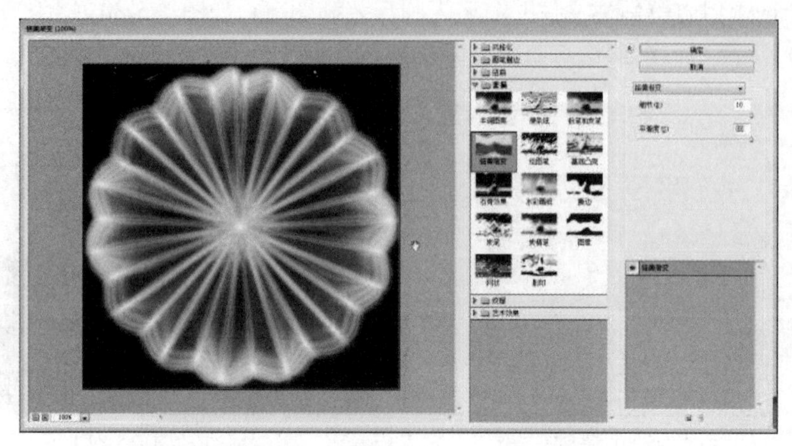

图 2-5-86

图 2-5-87

（2）使用渐变工具填充画面。

1）按 Ctrl+Shift+N 组合键新建图层，选择“渐变填充”工具，设置渐变颜色如图 2-5-88 所示，渐变方式为“径向渐变”，从圆心至圆弧拖动渐变工具填充渐变色，如图 2-5-89 所示。

图 2-5-88

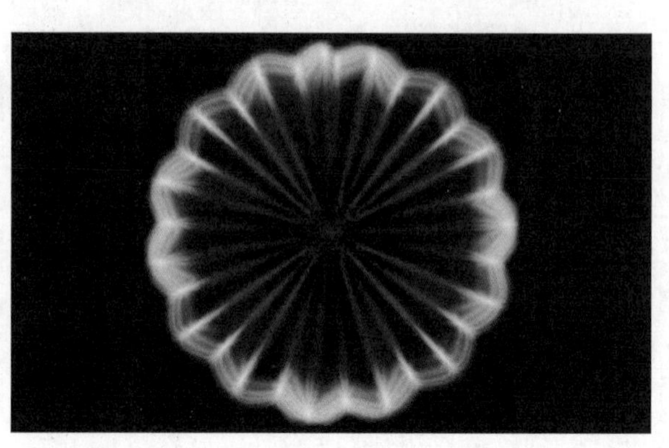

图 2-5-89

任务5 制作室内窗户透射阳光效果

任务目标：掌握“模糊”滤镜和“风格化”滤镜的基本操作和用途，熟练地利用滤镜制作出奇妙的图像效果。

知识要点：学会使用滤镜编辑图像的方法，掌握滤镜的操作方法和技巧，制作出室内窗户透射阳光效果，如图 2-5-90 所示。

图 2-5-90

实施步骤：

（1）使用色彩范围处理画面选区。

1）按 Ctrl+O 组合键打开素材文件 01，如图 2-5-91 所示。按 Ctrl+J 组合键复制背景图层，如图 2-5-92 所示。

图 2-5-91

图 2-5-92

2）选择“选择”→“色彩范围”命令，用吸管工具吸一下图片亮色的部分，颜色容差设置在 100 左右保证窗户的亮度，数值不固定，可以根据自己所需调整来提取图片中亮的部分，如图 2-5-93 所示。

3）按 Ctrl+Shift+N 组合键，选择“油漆桶”工具，将前景色设置白色，在窗户除白色区域外的地方单击几次使其变成白色，按 Ctrl+D 组合键取消选区，如图 2-5-94 所示。

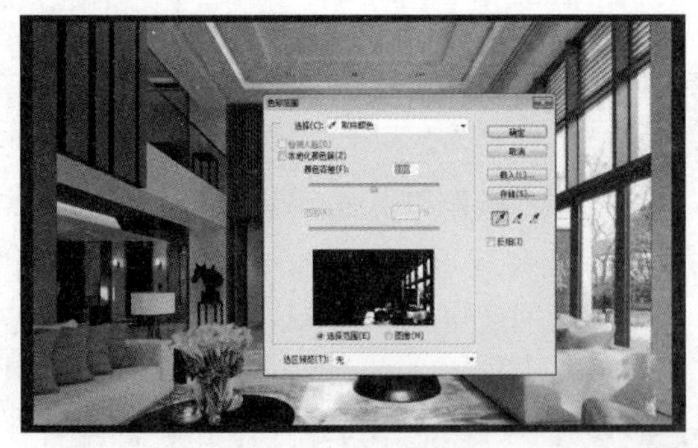

图 2-5-93

图 2-5-94

（2）使用径向模糊处理光线。

1）选择“滤镜”→“模糊”→“径向模糊”命令，数量调到最大，模糊方法为缩放，品质为最好，移动右侧中心模糊的中心点即可调整投射光的方向，如图 2-5-95 所示。使用“移动”工具把光源调整到合适的位置，按 Ctrl+T 组合键，自由变换之后右击并选择“变形”选项，可以拉一下光源的长度，如图 2-5-96 所示。

图 2-5-95

图 2-5-96

2）选中“图层 2”，单击“添加蒙版”按钮自动填充为白色蒙版，选择“画笔”工具，将前景色设置为黑色，使用画笔把不需要光的地方擦掉，如图 2-5-97 所示。选择“滤镜”→“模糊”→“高斯模糊”命令，半径值大概在 8 左右，适当降低图层的透明度，达到自然的效果，如图 2-5-98 所示。

图 2-5-97

图 2-5-98

任务6 用滤镜制作抽象的装饰图案

学习目标：认识滤镜，掌握滤镜的基本操作和多种用途，熟练地利用滤镜制作出奇妙的图像效果。

知识要点：学会使用滤镜编辑图像的方法，掌握滤镜的操作方法和技巧，制作出抽象的装饰图案，效果如图 2-5-99 所示。

图 2-5-99

实施步骤：

（1）使用滤镜处理画面。

1）按 Ctrl+N 组合键新建文件并命名为抽象图案，如图 2-5-100 所示，按 D 键将前景色重置为默认的黑色，然后按 Alt+Delete 组合键将“背景”图层填充为黑色，如图 2-5-101 所示。

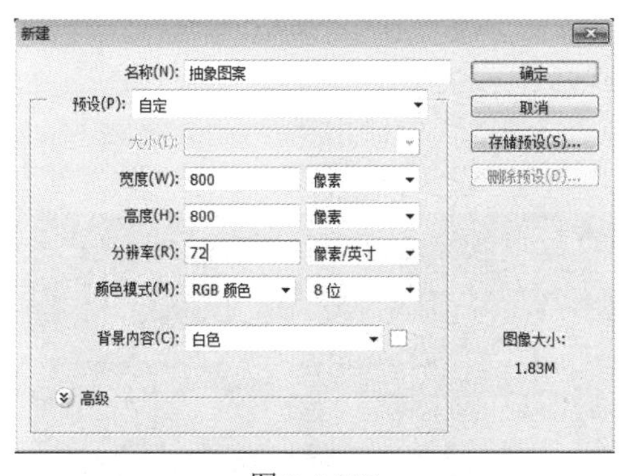

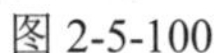

图 2-5-100

图 2-5-101

2）选择“滤镜”→“渲染”→“镜头光晕”命令，在弹出的“镜头光晕”对话框中保持默认设置，单击下方框中的中心点将光晕设置在画布中心，如图 2-5-102 所示，效果如图 2-5-103 所示。

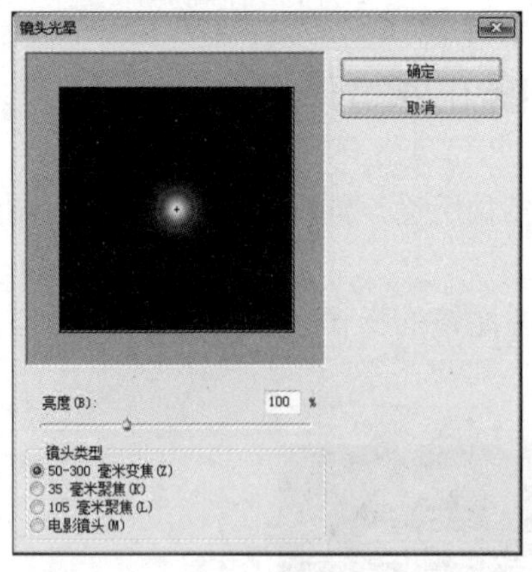

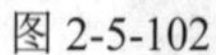
图 2-5-102

图 2-5-103

3）选择“滤镜”→“渲染”→“镜头光晕”命令，在弹出的“镜头光晕”对话框中保持默认设置，把光晕中心设置在如图 2-5-104 所示的位置，效果如图 2-5-105 所示。

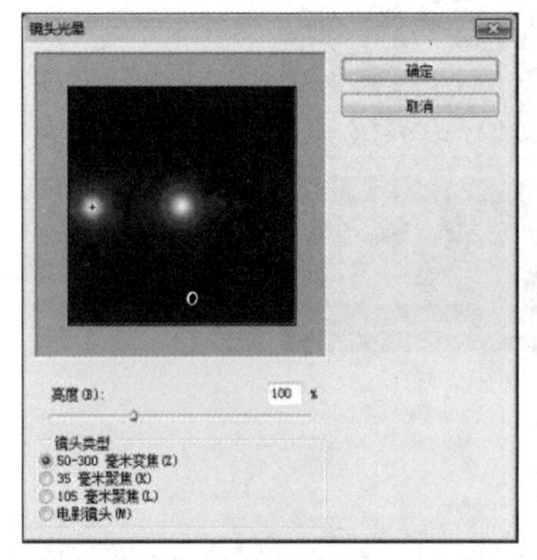

图 2-5-104

图 2-5-105

4）重复上述步骤数次得到如图 2-5-106 所示的数个光晕中心，单击“确定”按钮后的效果如图 2-5-107 所示。

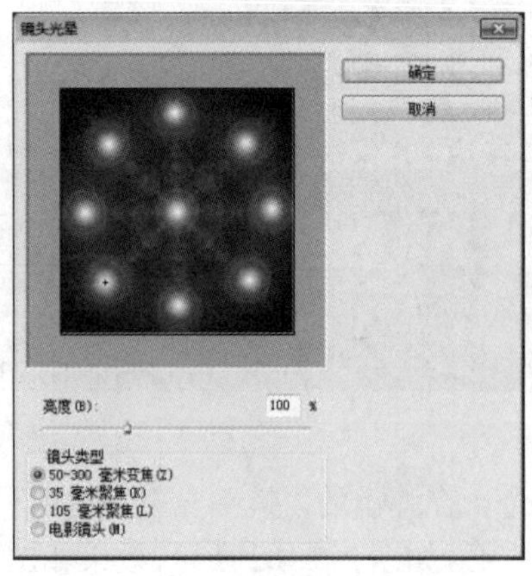

图 2-5-106

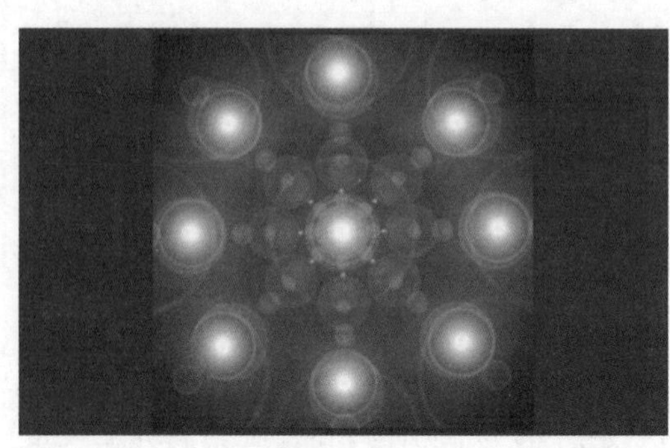
图 2-5-107

5）选择“图像”→“调整”→“色相/饱和度”命令（或按 Ctrl+U 组合键），弹出“色相/饱和度”对话框，将“饱和度”设置为-100，如图 2-5-108 所示，这样就实现了图像的去色，单击“确定”按钮，效果如图 2-5-109 所示。

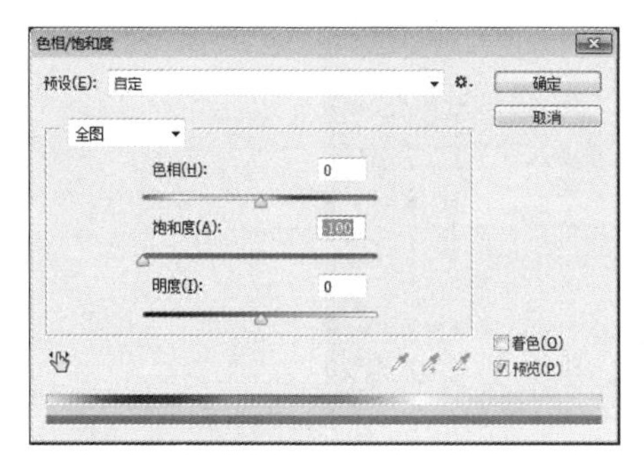

图 2-5-108

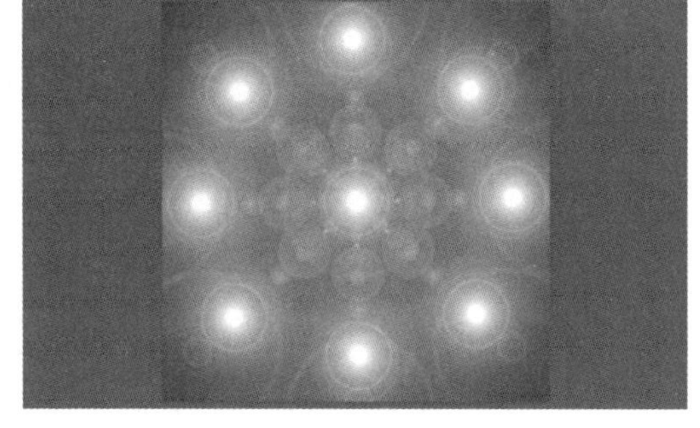
图 2-5-109

6）选择“滤镜”→“像素化”→“铜版雕刻”命令，弹出“铜版雕刻”对话框，在其中将“类型”设置为“中长描边”，如图 2-5-110 所示，单击“确定”按钮，效果如图 2-5-111 所示。

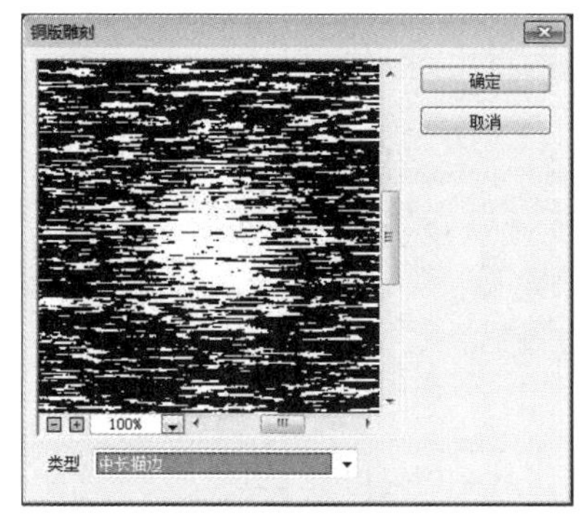

图 2-5-110

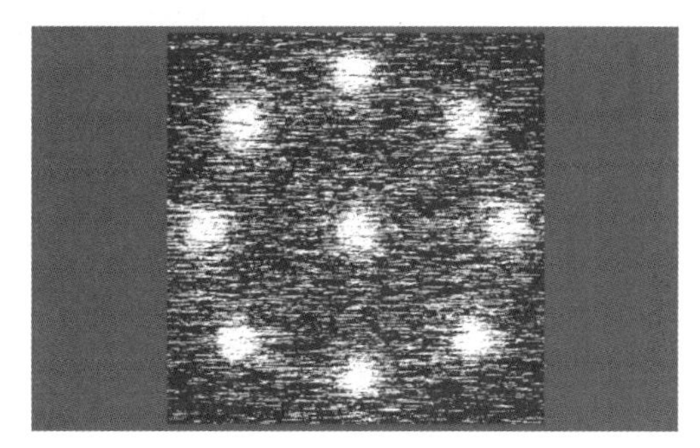
图 2-5-111

7）选择“滤镜”→“模糊”→“径向模糊”命令，在弹出的对话框中将“数量”设置为 100，“模糊方法”设置为“缩放”，“品质”设置为“最好”，如图 2-5-112 所示，单击“确定”按钮，效果如图 2-5-113 所示。

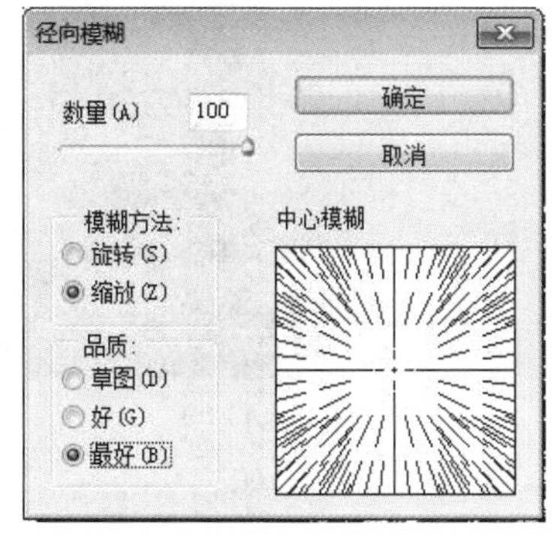

图 2-5-112

图 2-5-113

8）按 Ctrl+F 组合键 3 次，重复刚才的径向模糊滤镜，效果如图 2-5-114 所示。这样就把一些看上去比较粗糙的画面变平滑了。

图 2-5-114

（2）调整细节。

1）按 Ctrl+U 组合键打开“色相/饱和度”对话框，选中“着色”复选项，增大色相和饱和度的数值，例如设置为如图 2-5-115 所示，单击“确定”按钮，效果如图 2-5-116 所示。也可以根据自己的喜好调整为其他颜色，如图 2-5-117 所示。

图 2-5-115

图 2-5-116

图 2-5-117

2）选择“图层”→“新建”→“通过拷贝的图层”命令（或按 Ctrl+J 组合键）复制出一个新的图层，在“图层”控制面板中将新图层的混合模式改为“变亮”，然后选择“滤镜”→

“扭曲”→“旋转扭曲”命令，在弹出的“旋转扭曲”对话框中将“角度”设置为-100 度，如图 2-5-118 所示，单击“确定”按钮，效果如图 2-5-119 所示。

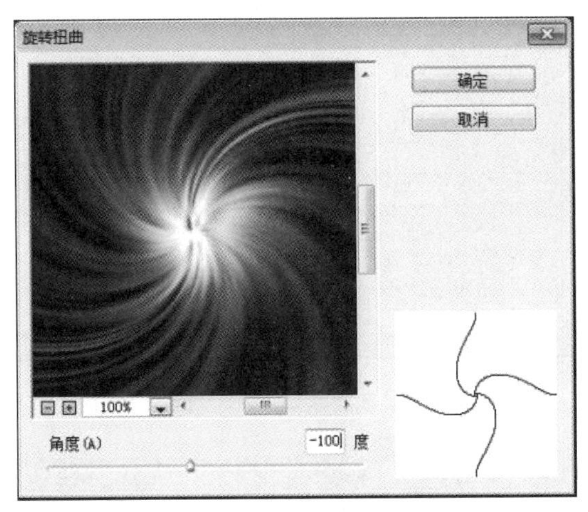

图 2-5-118

图 2-5-119

3）按 Ctrl+J 组合键再复制一个图层，使用“旋转扭曲”滤镜，将“角度”设置为-50 度，效果如图 2-5-120 所示。选择“滤镜”→“扭曲”→“波浪”命令，在弹出的“波浪”对话框中将“生成器数”设置为较小的数值 2，波长和波幅等设置如图 2-5-121 所示，单击“确定”按钮，效果如图 2-5-122 所示。

图 2-5-120

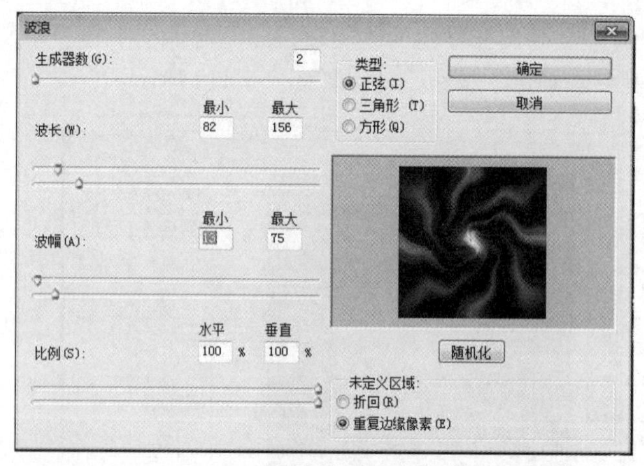

图 2-5-121

图 2-5-122

【项目小结】

通过对通道和滤镜工具使用方法的学习，掌握了通道的基本操作、通道蒙版的创建和使用、滤镜功能的使用技巧，可快速准确地创作出生动精彩的图像，并能在以后的学习中举一反三，灵活运用本案例中的相关工具。

【思考题】

1．在 Photoshop CC 中如何创建新通道？

2．简述 Photoshop CC 中通道蒙版的使用方法。

3．简述 Photoshop CC 中的滤镜及其使用技巧。

第三篇　项目实训

项目1　室内设计

【项目导读】

本项目将详细介绍Photoshop CC如何绘制室内设计所需的设计图纸。通过本项目的学习，可以应用Photoshop中的各种工具绘制出效果突出的专业设计图，强化Photoshop工具的综合运用和操作技巧，并将绘制和修饰图像应用到实际的设计制作任务中，体验工具运用到设计中的感觉，为后期学习专业设计图表达打下坚实的技能基础。

【项目目标】

学习目标：了解室内设计图纸表达的内涵
了解Photoshop工具的综合运用方法
了解室内设计图纸效果图的绘制思路

重　　点：熟悉Photoshop软件常用的工具
掌握Photoshop绘制室内设计图纸的方法和技巧

难　　点：掌握Photoshop绘制室内设计图纸的方法和技巧
掌握室内设计图纸效果图的绘制思路

【知识链接】

知识1.1　平面布置图设计

1.1.1　室内设计中平面布置图的作用

平面布置图的作用有以下几点：

（1）表示室内空间平面形状和大小。

（2）表现各个房间在水平面的相对位置。

（3）表明室内设施、家具配置和室内交通路线。

（4）控制了纵横两轴的尺寸数据，是视图和制图中的基础，是室内装饰组织施工及编制预算的重要依据。

1.1.2 室内设计中平面布置图的设计要点

平面布置图的设计要点如下：

（1）交通线路的设计，也就是室内行人通道路线设计。不同区域连接的合理性主要在于交通线路的安排，设计师需要确保家中所有使用成员在家里的任何实际位移都是方便的。

（2）空间的设计，需要保证空间的宽敞性，毕竟谁都不希望经常处于空间狭小的地方。例如一个 80 平米的空间，设计师如何将其设计成看起来类似于 100 平米以上的空间便是需要考虑的要点之一。

（3）实用性设计，这一点至关重要，在适合以上两点条件之后，设计师可以将设计出来的几套方案进行比较，哪一套方案更实用、更美观，这样的平面设计图就过关了。

知识 1.2 立面图设计

1.2.1 室内设计中立面图的作用

一个房间是否美观，很大程度上决定于它在室内立面图中主要立面上的艺术处理，包括造型与装修是否优美。在室内立面图设计阶段，立面图主要是用来研究这种艺术处理的。在施工图中，它主要反映房屋的外貌和立面装修的做法。

室内立面图是指建筑施工图中的平面图、立面图、剖面图、节点详图中的一种。要表达的是建成后按光线平行投影原理的室内东西南北四个面中的一个面的效果图。

室内在平行于外墙面的投影面上的正投影图是用来表示室内的外貌，并表明外墙装饰要求的图样。表示方法主要有以下两种：

（1）对有定位轴线的室内物品，宜根据两端定位轴线编注立面图名称。

（2）无定位轴线的立面图，可按平面图各面的方向确定名称。也可按室内立面图的主次把室内立面图主要入口面或反映室内外貌主要特征的立面称为正立面图，从而确定背立面图和左/右侧立面图。

1.2.2 室内设计中立面图的设计要点

按投影原理，立面图上应将立面上所有看得见的细部都表示出来。但由于立面图的比例较小，如门窗扇、檐口构造、阳台栏杆和墙面复杂的装修等细部往往只用图例表示，它们的构造和做法都另有详图或文字说明。因此，习惯上往往对这些细部只分别画出一两个作为代表，其他都可简化，只需画出它们的轮廓线。若房屋左右对称时，正立面图和背立面图也可各画出一半，单独布置或合并成一张图。合并时，应在图的中间画一条铅直的对称符号作为分界线。

室内立面如果有一部分不平行于投影面，例如成圆弧形、折线形、曲线形等，可将该部分展开到与投影面平行，再用正投影法画出其立面图，但应在图名后注写“展开”两字。对于平面为回字形的房屋，它在院落中的局部立面可在相关的剖面图上附带表示。如不能表示时，则应单独绘出。

知识 1.3 效果图设计

在室内设计中，效果图是后期最为出彩的部分，也是各软件间相互协作完成的作品，这里主要为大家讲解一下如何运用 Photoshop 进行日间与夜间效果处理，也就是常见的 Photoshop 绘制效果图。

日间与夜间效果对比图如图 3-1-1 所示。

图 3-1-1 日间与夜间效果对比图

实施步骤：

（1）用 Photoshop 打开日间卧室效果素材文件，如图 3-1-2 所示。

图 3-1-2 打开素材文件

（2）复制一个“背景”图层，然后运用调整工具中的各项工具对其进行效果调整，如亮度、对比度、曲线、色相、饱和度等，如图 3-1-3 所示。

图 3-1-3　调整图像后的效果

（3）新建一个图层，命名为“夜景色彩”，导入夜景图片素材，运用变换工具、创制剪贴蒙版工具调整出窗外夜景效果，然后运用图层的混合模式为该图层添加颜色叠加、投影等特效，最终效果如图 3-1-4 所示。

图 3-1-4　最终效果

对室内设计效果图进行后期处理主要是反复调整，运用的 Photoshop 工具主要是调整菜单和图层菜单工具，需要设计师的耐心和细心，还需要设计师有足够的眼界，以处理出具有特色的效果图。

【任务挑战】

任务 1　室内设计平面布置图设计

任务目标：室内设计平面布置图设计

知识要点：运用综合知识设计并制作出室内设计平面图

平面布置图设计效果 3-1-5 所示。

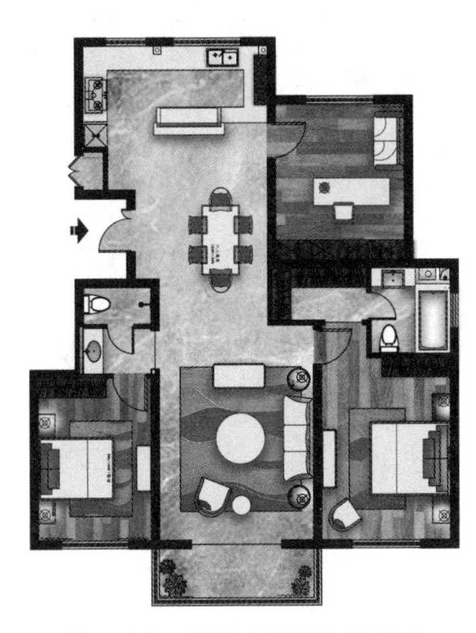

图 3-1-5　平面布置图设计效果

实施步骤：

（1）打开 Photoshop，新建 A3 图纸，然后将平面布置图 PDF 文件导入到 Photoshop 画面中，如图 3-1-6 所示。

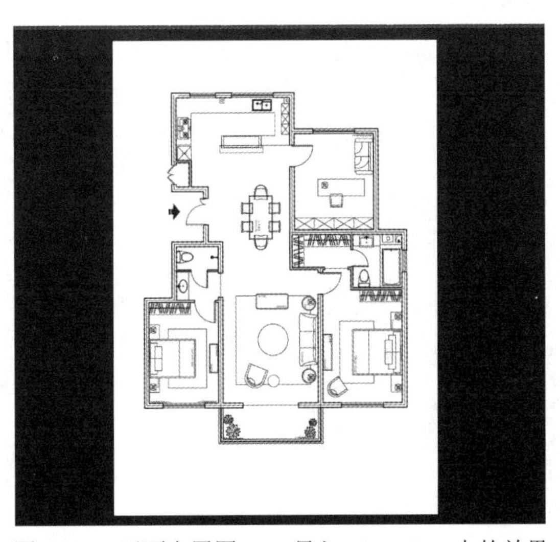

图 3-1-6　平面布置图 PDF 导入 Photoshop 中的效果

（2）新建一个空白图层并放置于“背景”图层上方，然后填充一个灰色，如图 3-1-7 所示，便于后期绘制阴影区域时观看效果。

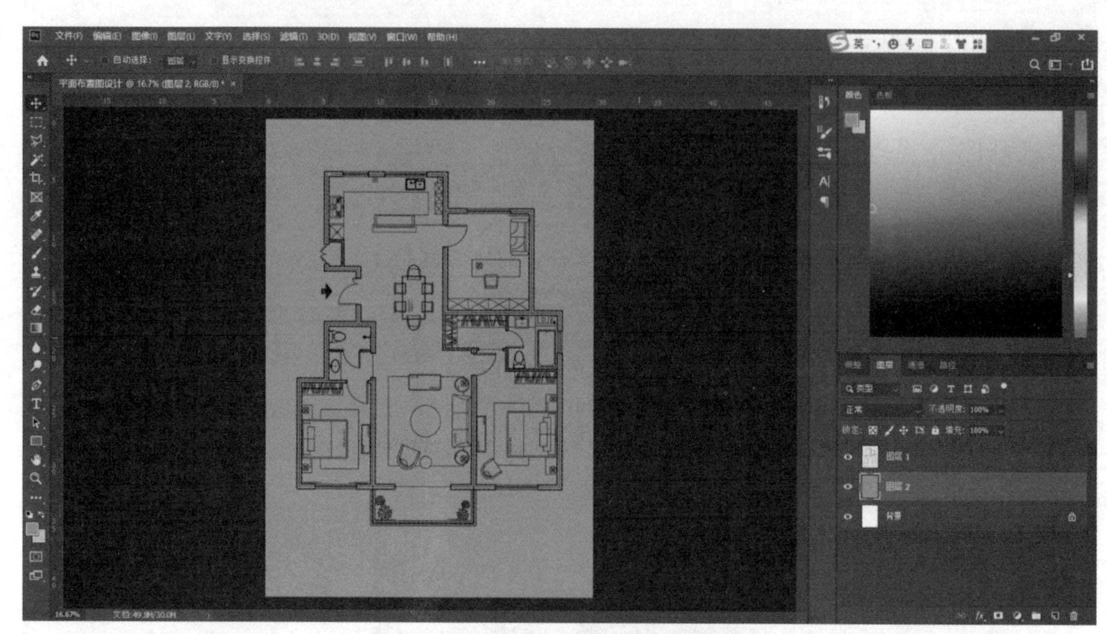

图 3-1-7　添加背景色后的效果

（3）在 PDF 图层上选出要填充的墙体区域（如图 3-1-8 所示），然后新建一个图层，给墙体填充颜色（如图 3-1-9 所示），并把该填充图层置于 PDF 图层之上。

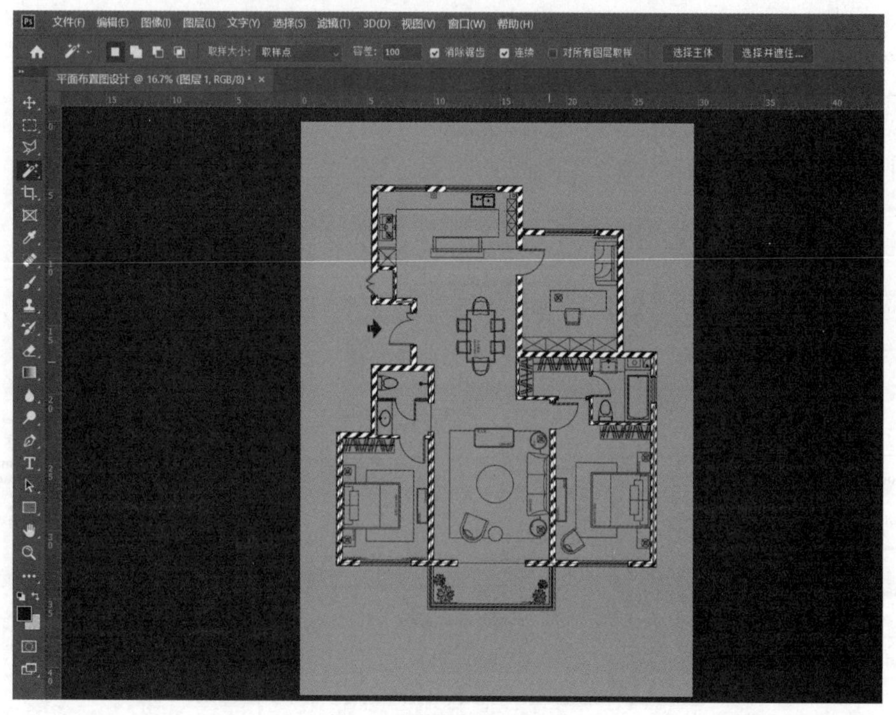

图 3-1-8　选中墙体区域

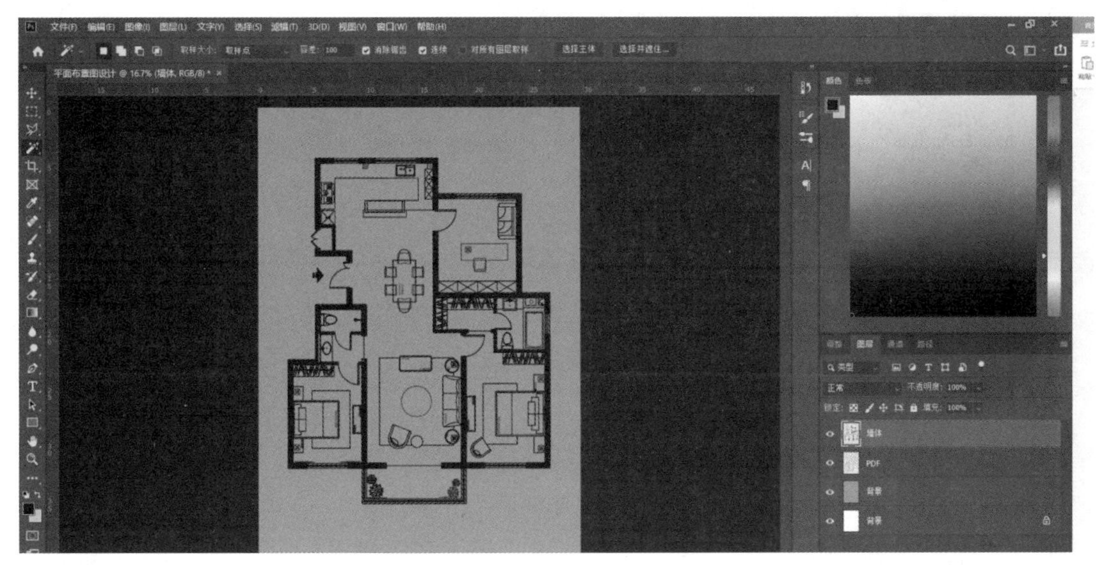

图 3-1-9　填充墙体区域颜色

（4）选中所有需要添加阴影的家具区域，然后新建一个图层并命名为“阴影”，给图层样式加上“阴影”功能，之后对选中区域进行颜色填充，如图 3-1-10 所示。

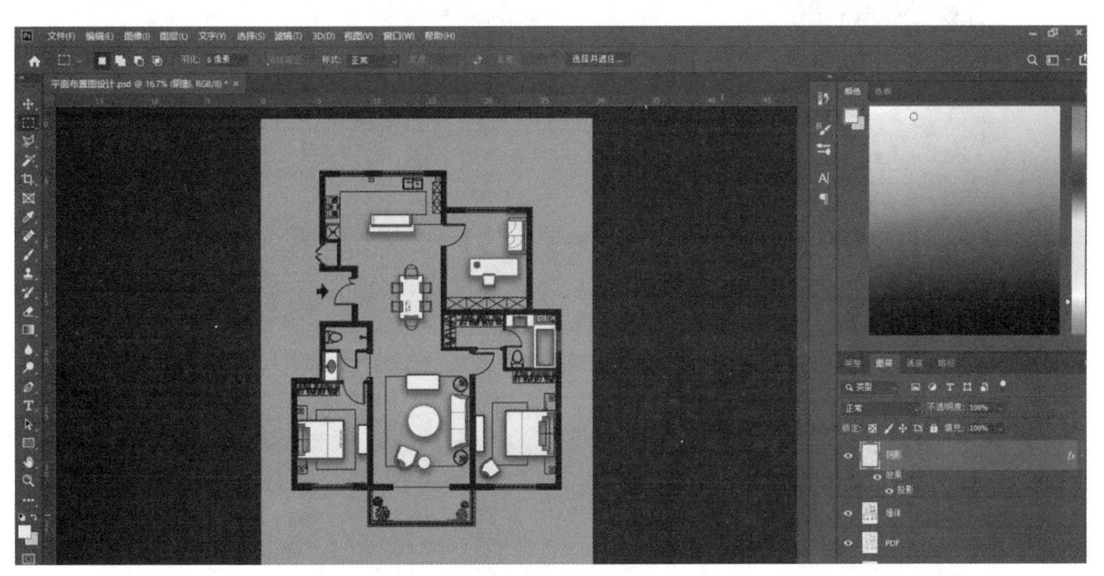

图 3-1-10　家具填充颜色且增加阴影后的效果

（5）新建一个图层并命名为“地毯”，在 Photoshop 中打开地毯贴图，然后把“地毯”图层移动到 PDF 图层之下，如图 3-1-11 所示。

（6）复制“地毯”图层，然后放置到卧室区域，调整大小和位置，效果如图 3-1-12 所示。

（7）新建一个图层并命名为“石材”，然后放置到相应区域，调整大小和位置，然后运用加深或者减淡工具调整石材的效果，让其呈现出渐变的感觉，效果如图 3-1-13 和图 3-1-14 所示。

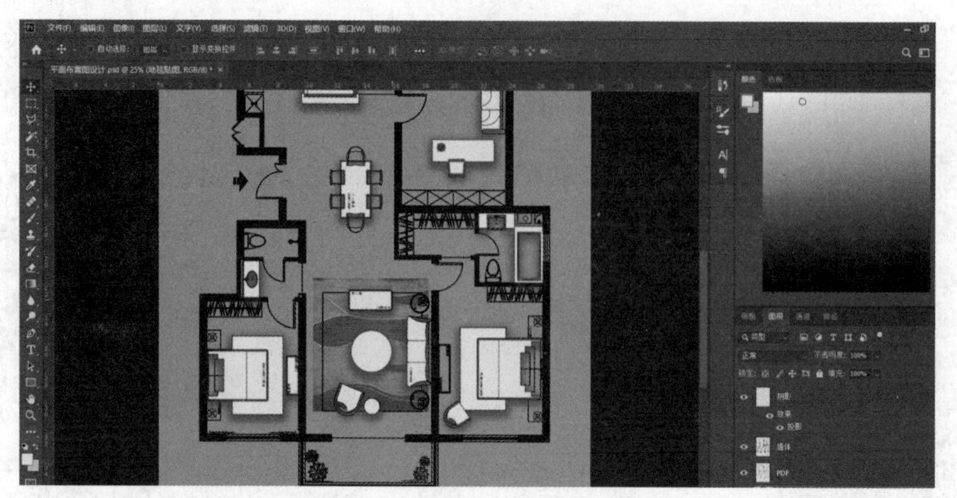

图 3-1-11　添加地毯素材后的效果

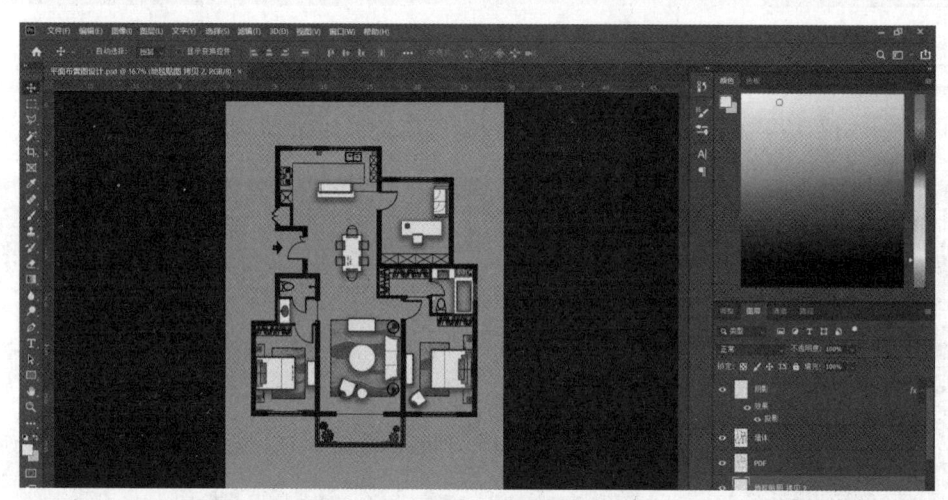

图 3-1-12　调整地毯位置后的效果

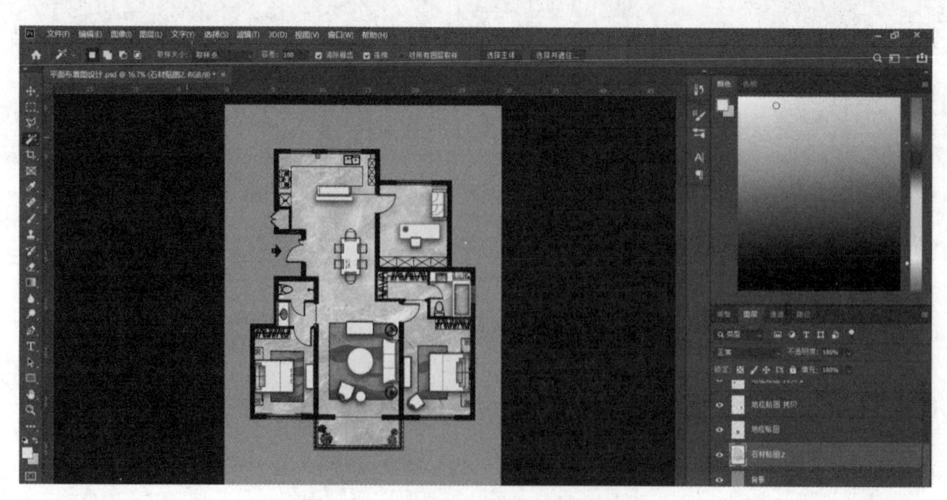

图 3-1-13　添加石材素材后的效果

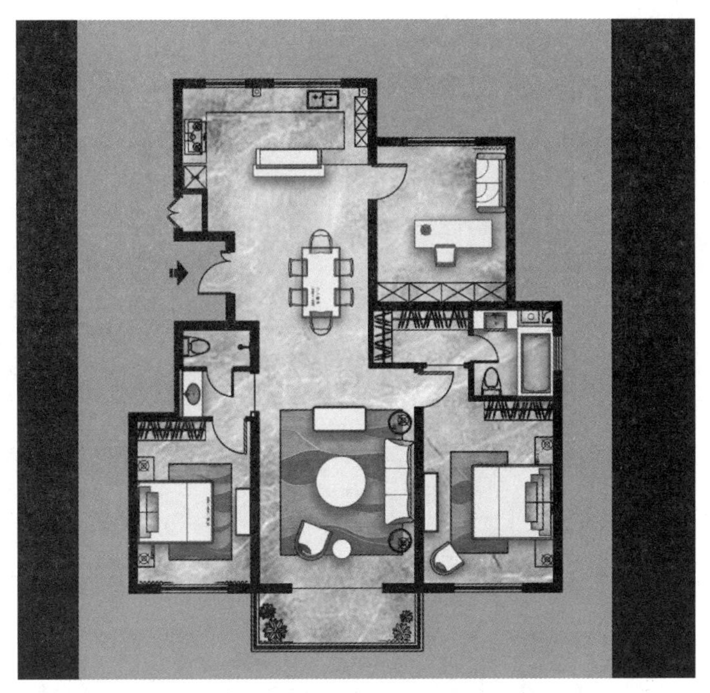

图 3-1-14　给地面石材添加渐变的效果

（8）为家具和陈设添加材质，注意要给各个材质单独建立图层，便于效果修改，效果如图 3-1-15 所示。

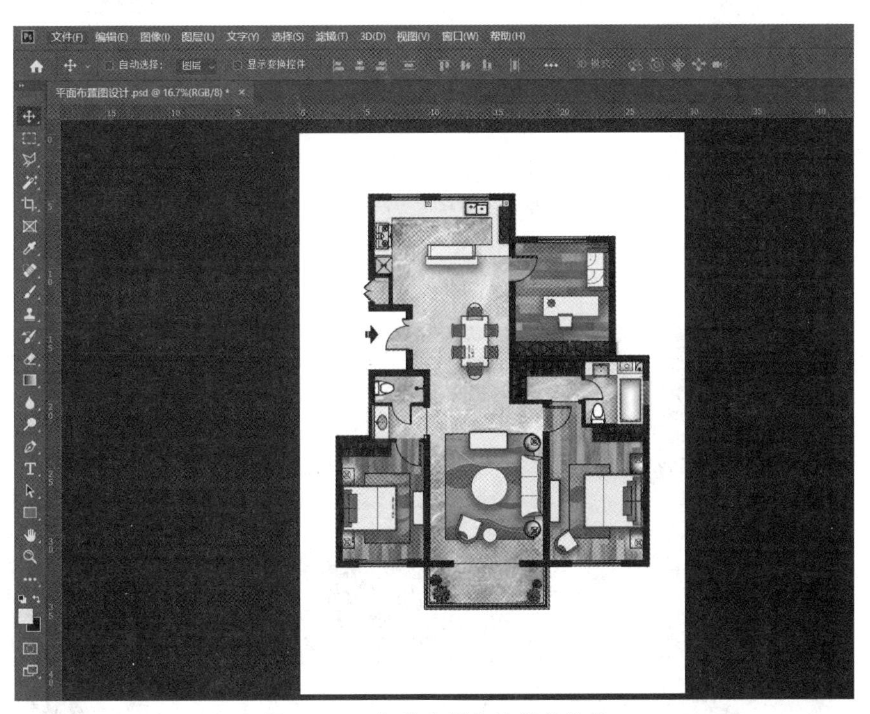

图 3-1-15　细化家具和陈设的效果

（9）关掉背景灰色图层，最终效果如图 3-1-16 所示。

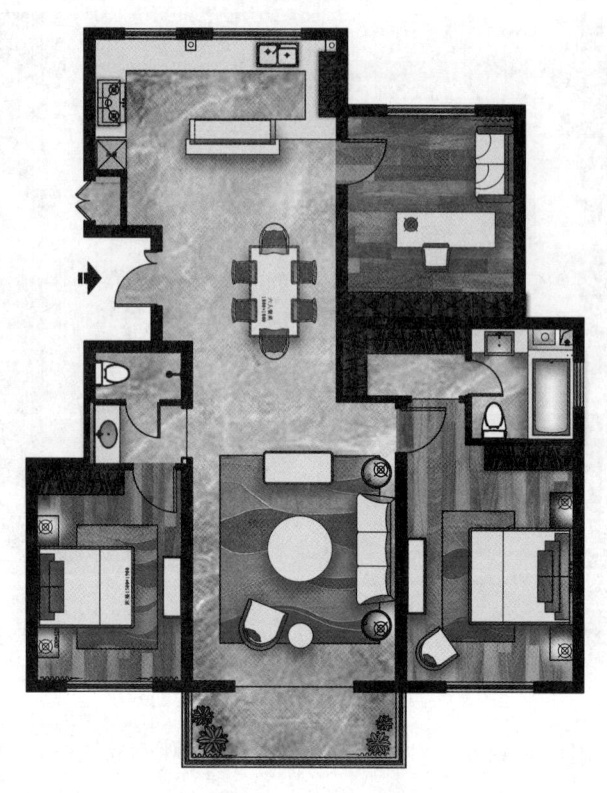

图 3-1-16　最终效果

任务 2　室内设计立面图设计

任务目标：室内设计立面图设计

知识要点：运用综合知识设计并制作出室内设计立面图

立面图最终效果如图 3-1-17 所示。

图 3-1-17　立面图最终效果

实施步骤：

（1）打开 Photoshop，新建 A4 图纸，然后将平面布置图 PDF 文件导入到 Photoshop 画面中，如图 3-1-18 所示。

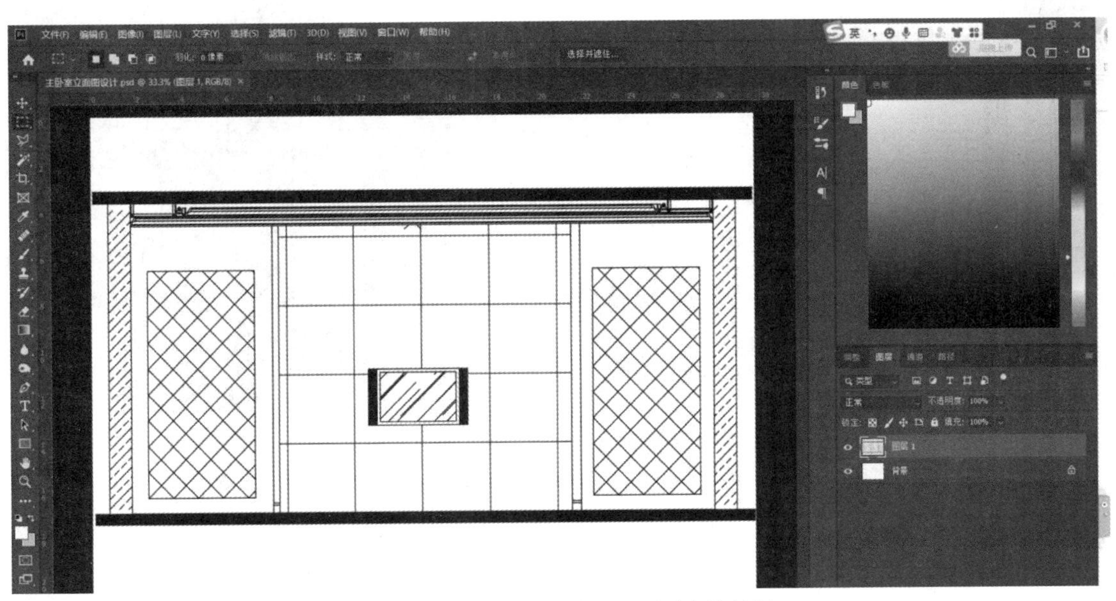

图 3-1-18　将 PDF 文件导入画面中的效果

（2）选择 PDF 图层，选择墙体立柱区域，然后新建一个图层并命名为“墙体”，将选中区域的颜色填充为黑色，效果如图 3-1-19 所示。

图 3-1-19　墙体填充后的效果

（3）导入石材贴图素材，将图层名字修改成“石材贴图”，然后将这个图层放置于 PDF 图层下方，运用调整亮度等工具调整该图层的亮度和对比度，效果如图 3-1-20 所示。

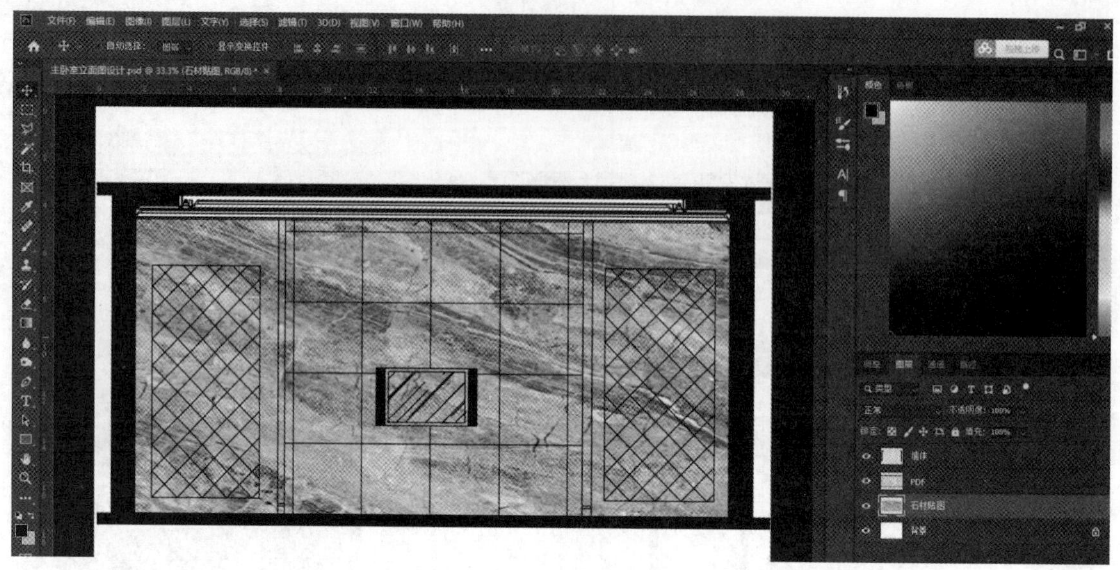

图 3-1-20　石材填充后的效果

（4）导入玻璃贴图素材，将图层名字修改成“玻璃贴图”，然后将这个图层放置于 PDF 图层下方，运用调整亮度等工具调整该图层的亮度和对比度，为该图层添加阴影，效果如图 3-1-21 所示。

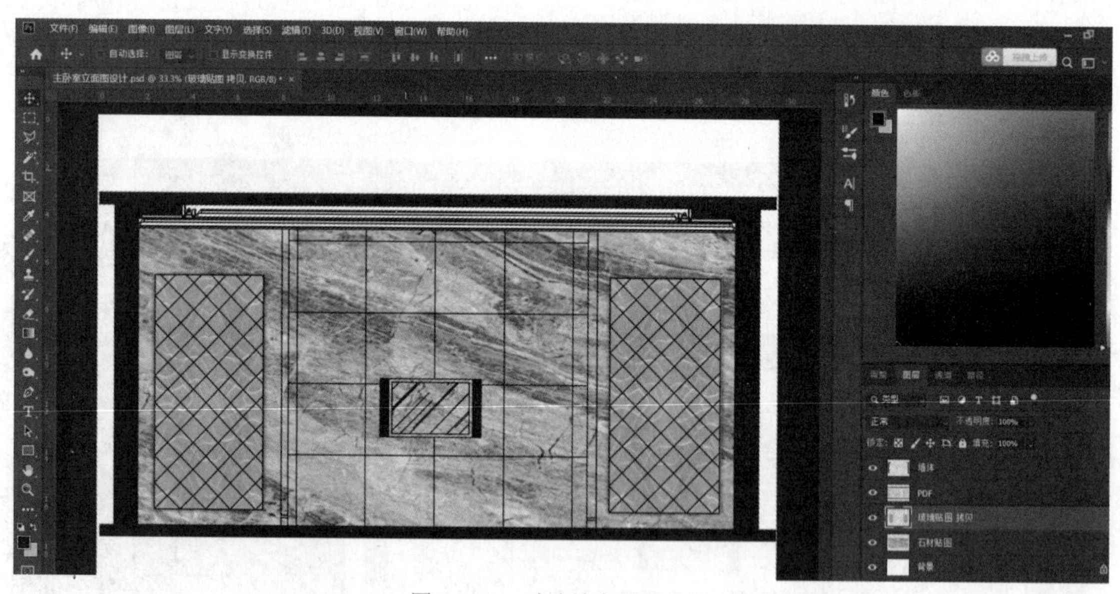

图 3-1-21　玻璃填充后的效果

（5）新建一个图层并命名为“电视机”，绘制一个矩形，调整大小和位置，让电视机处于立面的一个合适位置，然后添加电视机素材，调整图像效果，如图 3-1-22 和图 3-1-23 所示。

（6）重复以上操作，设置立面各家具、装饰线条的材质，并且添加光源效果（新建一个图层并命名为“光源”，然后运用选择工具，设置羽化参数、渐变参数，在选取范围内绘制渐变光源），如图 3-1-24 所示，最终效果如图 3-1-25 所示。

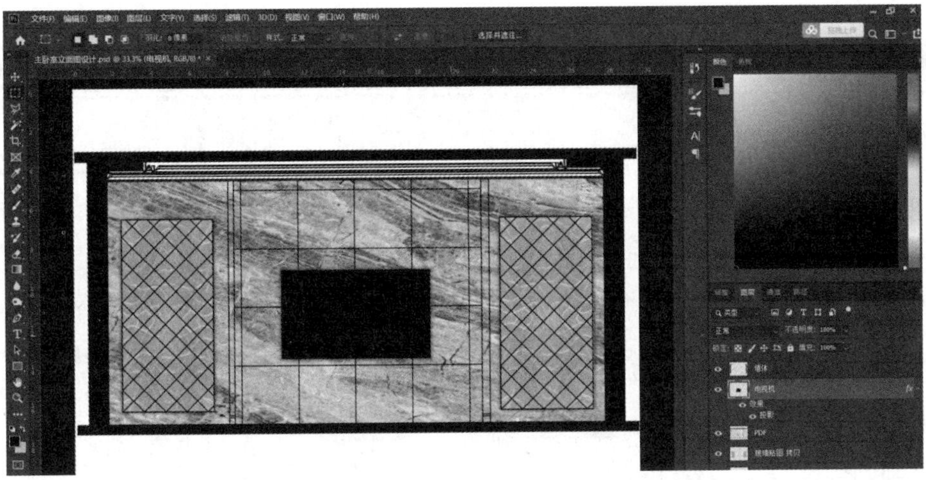

图 3-1-22　电视机图层绘制后的效果

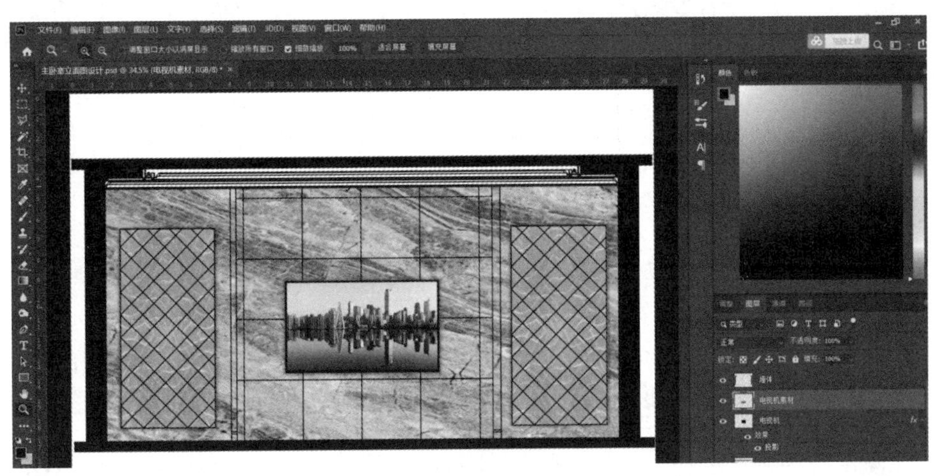

图 3-1-23　电视机素材填充后的效果

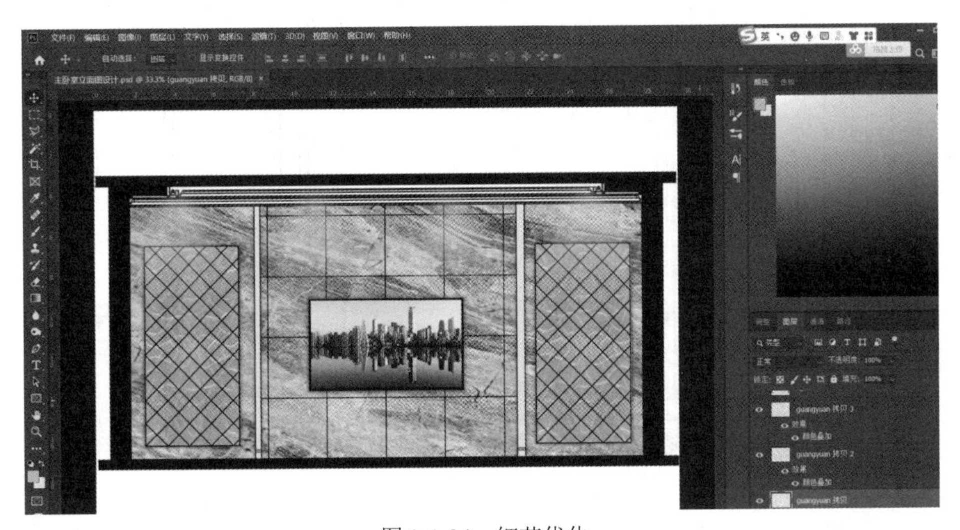

图 3-1-24　细节优化

图 3-1-25 最终效果

任务 3 课堂练习

请使用 Photoshop 设计如图 3-1-26 所示的儿童房立面图。要求风格为现代，画面色彩分明，材质运用得当，灯光效果合适，立体突出，综合效果好。

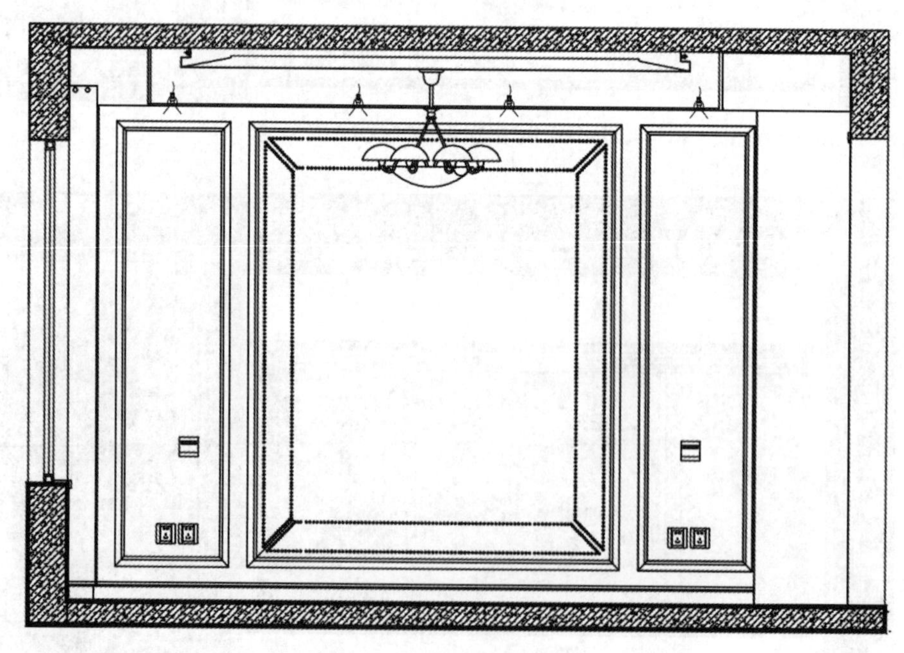

图 3-1-26 儿童房立面图

【项目小结】

通过对室内设计平面布置图、立面图、效果图制作的练习，强化了室内设计效果图基本绘制方法的运用，提高了操作熟练程度，并能将绘制和修饰图像的各种方法和效果应用到实际设计制作任务中。

【思考题】

1. 室内设计所需的设计图纸包括哪些？
2. 室内设计中平面布置图的设计要点有哪些？
3. 室内设计中立面图的作用有哪些？

项目 2　环境艺术设计

【项目导读】

本项目将详细介绍 Photoshop CC 如何绘制环境艺术设计所需的设计图纸。通过本项目的学习，可以应用 Photoshop 的各种工具绘制出效果突出的专业设计图，强化 Photoshop 工具的综合运用和操作技巧，并将绘制和修饰图像应用到实际的设计制作任务中，体验工具运用到设计中的感觉，为后期学习专业设计图表达打下坚实的技能基础。

【项目目标】

学习目标：了解环境艺术设计图纸表达的内涵
　　　　　了解 Photoshop 工具的综合运用方法
　　　　　了解环境艺术设计图纸效果图的绘制思路

重　　点：熟悉 Photoshop 软件常用的工具
　　　　　掌握 Photoshop 绘制环境艺术设计图纸的方法和技巧

难　　点：掌握 Photoshop 绘制环境艺术设计图纸的方法和技巧
　　　　　掌握环境艺术设计图纸效果图的绘制思路

【知识链接】

知识 2.1　平面布置图设计

环境艺术设计中最重要的是空间序列设计，这主要体现在平面布置图设计方面，下面就以一个主题公园案例来剖析如何设计平面布置图，如图 3-2-1 所示。

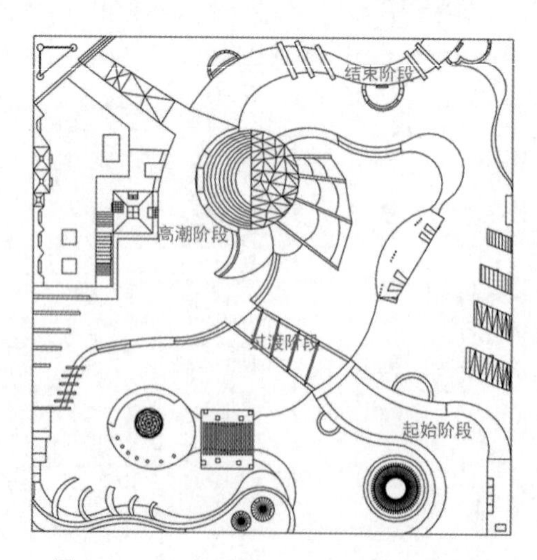

图 3-2-1　主题公园空间序列平面设计图

2.1.1 空间序列设计的内容

空间序列设计的构思、布局和处理手法是根据空间的使用性质而变化的，但无论怎么变化，空间序列设计一般可分为以下 4 个阶段：

（1）开始阶段是序列设计的开端，预示着将展开的内幕，如何创造出具有吸引力的空间氛围是其设计的重点。

（2）过渡阶段是序列设计的过渡部分，是培养人的感情并引向高潮的重要环节，具有引导、启示、酝酿、期待和引人入胜的功能。

（3）高潮阶段是序列设计的主体，是序列的主角和精华所在，这一阶段的目的是让人获得在环境中激发情绪、产生满足感等最佳感受。

（4）结束阶段是序列设计中的收尾部分，主要功能是由高潮回复到平静，也是序列设计中必不可少的一环，精彩的结束设计，要达到使人去回味、追思高潮后的余音之效果。

2.1.2 设计手法

空间序列的设计肯定不会是一成不变的。空间序列设计是设计师根据设计空间的功能要求，有针对性地、灵活地进行创作的。任何一个空间的序列设计都必须结合色彩、材料、陈设、照明等方面来实现，但是作为设计手法的共性，有以下几点值得注意：

（1）导向性：所谓导向性，就是以空间处理手法引导人们行动的方向性。设计师常常运用美学中的各种韵律构图和具有方向性的形象类构图作为空间导向性的手法。在这方面可以利用的要素很多，例如利用墙面不同的材料组合，柱列、装饰灯具和绿化组合，天棚及地面利用方向的彩带图案、线条等强化导向。

（2）视线的聚焦：在空间序列设计中，利用视线聚焦的规律有意识地将人的视线引向主题。

（3）空间构图的多样与统一：空间序列的构思是通过若干相互联系的空间构成彼此有机联系、前后连续的空间环境，它的构成形式随着功能要求而形形色色，因此既具有统一性又具有多样性。

综上，不论是设计内容的安排，还是设计手法的运用，都是为了合理地根据使用功能安排空间的先后顺序，从而为人们创造一个舒适有序的环境。本次设计立足于一个 400 平方千米的区域，根据设计要求（空间序列设计的内容）自由设计一个具有主题的公园。在进行设计的时候，主要考虑的是每一个阶段设计所应该配备的节点，如何将每个阶段设计得既丰富多彩，又不抢占该阶段设计的风头。比如在过渡阶段，设计了一个廊桥，在侧面沿湖的地方设计了两处小景，这样的安排既能让人在此处有景可赏，又会对高潮阶段的事物充满好奇，可以说过渡阶段的设计是为高潮部分所作的导向性安排，也是一种铺垫。无论是在何处，总能在静赏的同时发现一处一处的惊喜，这是该设计的构思。

2.1.3 平面布置图后期处理方法和技巧

（1）图层的使用，由于画面内容繁多，需要对每个地方进行美化，所以需要对各个物体进行拆分，从而建立单独的图层。

（2）素材导入与处理。针对画面需要选择对应的素材，导入并进行优化。素材的选择要注意匹配度，搭配和谐。

（3）调整菜单和图层样式。这些使用频率较高，大家可以灵活运用。

（4）填充、绘制等绘图工具的使用。与调整效果的工具配合使用。

其他工具根据具体操作环节自行使用。后期处理的最终效果如图 3-2-2 所示。

图 3-2-2 主题公园空间序列平面设计最终效果

知识 2.2 立面图设计

室外立面图设计主要在于比例、结构、色彩、风格的协调和统一。

下面以重庆大学艺术楼改造项目为例，图 3-2-3 和图 3-2-4 所示是由师生团队一起设计的方案，主题围绕“逻辑与混沌”展开，学生设计出各种风格的立面图，总的来说，风格统一、与画面搭配协调是其特色。

图 3-2-3　立面设计图组图 1

组图 1 呈现出来的立面图效果比较淡雅、素净，没有过多的素材堆积，只是对主体物和相应的景观进行了展示。

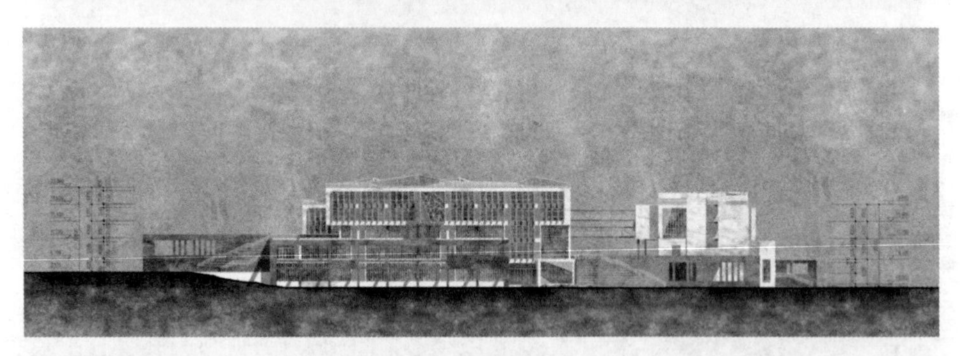

图 3-2-4 立面设计图组图 2

组图 2 呈现出来的立面图效果是水墨风，色彩的对比非常鲜明，有色与无色的混合搭配使画面看起来非常有品质。

知识 2.3　效果图设计

效果图一般情况下都是由 sketch up 或 3D 渲染出图，然后运用 Photoshop 进行后期处理，这里主要为大家讲解一下如何运用 Photoshop 进行效果图组合处理，也就是常见的 Photoshop 绘制效果图。

以室外建筑夜间效果图（如图 3-2-5 所示）为例，具体操作步骤如下：

（1）打开 Photoshop，新建 A4 图纸，将别墅素材导入到 Photoshop 画面中，如图 3-2-6 所示。

图 3-2-5　室外建筑夜间效果图

图 3-2-6　室外建筑素材导入

（2）新建一个图层并命名为“天空”，将其放到“别墅”图层下方，然后运用渐变工具绘制出天空的色彩，效果如图 3-2-7 所示。

图 3-2-7　天空素材绘制后的效果

（3）拖入树林的素材，将其调整大小后放置到别墅素材的下方，调整位置，然后复制树林图层放到合适的地方，充实画面，效果如图 3-2-8 所示。

图 3-2-8　树林素材导入后的效果

（4）增加大树、灌木丛、小树苗、石头等素材，放到合适的地方，充实画面，效果如图3-2-9所示。

图 3-2-9　灌木丛等素材导入后的效果

（5）为大树添加阴影，同时增加人物素材，为画面添加活力，如图3-2-10所示。

图 3-2-10　其他素材导入后的效果

（6）添加色阶，调整画面，最终效果如图 3-2-11 所示。

图 3-2-11　最终效果

【任务挑战】

任务　课堂练习

请使用 Photoshop 设计图 3-2-12 所示的效果图，要求画面色彩分明、构图合理、风格突出、效果美观。

图 3-2-12　立面图练习素材

【项目小结】

通过对环境艺术设计平面布置图、立面图、效果图制作的练习，进一步加深了 Photoshop CC 中基本绘制工具和方法运用的体会，在制作工具与绘制效果间建立直观联系，更好地完成今后的各项设计任务。

【思考题】

1．环境艺术设计所需的设计图纸包括哪些？

2．在 Photoshop CC 中，环境艺术设计平面布置图后期处理中主要用到哪些工具？

参考文献

[1] 朱宏，王周娟．Photoshop CC 平面设计应用教程[M]．3 版．北京：人民邮电出版社，2015．
[2] 张妙，朱海燕．Photoshop CS6 图像制作案例教程（微课版）[M]．北京：人民邮电出版社，2017．
[3] 印象．Photoshop CS6 建筑与室内效果图后期处理（微课版）[M]．北京：人民邮电出版社，2016．
[4] 敬伟．Photoshop 2020 中文版从入门到精通）[M]．北京：清华大学出版社，2020．